U0524904

广州城市智库丛书

全球技术动向与广州技术发展

张赛飞 刘晓丽 杨莹 ○著

中国社会科学出版社

图书在版编目（CIP）数据

全球技术动向与广州技术发展 / 张赛飞, 刘晓丽, 杨莹著. —北京：中国社会科学出版社, 2020.12

（广州城市智库丛书）

ISBN 978-7-5203-7654-9

Ⅰ.①全…　Ⅱ①张…②刘…③杨…　Ⅲ.①技术发展—研究—世界②科技发展—研究—广州　Ⅳ.①F113.4②G322.765.1

中国版本图书馆 CIP 数据核字（2020）第 257122 号

出 版 人	赵剑英
责任编辑	喻　苗
责任校对	王　龙
责任印制	王　超

出　　版	中国社会科学出版社
社　　址	北京鼓楼西大街甲 158 号
邮　　编	100720
网　　址	http://www.csspw.cn
发 行 部	010-84083685
门 市 部	010-84029450
经　　销	新华书店及其他书店
印　　刷	北京明恒达印务有限公司
装　　订	廊坊市广阳区广增装订厂
版　　次	2020 年 12 月第 1 版
印　　次	2020 年 12 月第 1 次印刷
开　　本	710×1000　1/16
印　　张	17
插　　页	2
字　　数	229 千字
定　　价	98.00 元

凡购买中国社会科学出版社图书，如有质量问题请与本社营销中心联系调换
电话：010-84083683
版权所有　侵权必究

《广州城市智库丛书》
编审委员会

主　任　张跃国
副主任　朱名宏　杨再高　尹　涛　许　鹏

委　员（按拼音排序）
　　　　　白国强　蔡进兵　杜家元　郭昂伟　郭艳华　何　江
　　　　　黄石鼎　黄　玉　刘碧坚　欧江波　孙占卿　覃　剑
　　　　　王美怡　伍　庆　杨代友　姚　阳　殷　俊　曾德雄
　　　　　曾俊良　张　强　张赛飞

总　　序

何谓智库？一般理解，智库是生产思想和传播智慧的专门机构。但是，生产思想产品的机构和行业不少，智库因何而存在，它的独特价值和主体功能体现在哪里？再深一层说，同为生产思想产品，每家智库的性质、定位、结构、功能各不相同，一家智库的生产方式、组织形式、产品内容和传播渠道又该如何界定？这些问题看似简单，实际上直接决定着一家智库的立身之本和发展之道，是必须首先回答清楚的根本问题。

从属性和功能上说，智库不是一般意义上的学术团体，也不是传统意义上的哲学社会科学研究机构，更不是所谓的"出点子""眉头一皱，计上心来"的术士俱乐部。概括起来，智库应具备三个基本要素：第一，要有明确目标，就是出思想、出成果，影响决策、服务决策，它是奔着决策去的；第二，要有主攻方向，就是某一领域、某个区域的重大理论和现实问题，它是直面重大问题的；第三，要有具体服务对象，就是某个层级、某个方面的决策者和政策制定者，它是择木而栖的。当然，智库的功能具有延展性、价值具有外溢性，但如果背离本质属性、偏离基本航向，智库必会惘然自失，甚至可有可无。因此，推动智库建设，既要遵循智库发展的一般规律，又要突出个体存在的特殊价值。也就是说，智库要区别于搞学科建设或教材体系的大学和一般学术研究机构，它重在综合运用理论和知识分析研判重大问题，这是对智库建设的一般要求；同时，具体到一家智库个体，又要依据自身独一无二的性质、类型和定位，塑造独特个性和鲜明风格，占据真正属于自己的空间和制高点，这是智库独立和自立的根本标志。当前，智库建设的理论和政策不一而足，实践探索也呈现出八仙过海之势，这当然有利于形成智库界的时代标签和身份识别，但在热情高涨、高歌猛进的大时代，也容易盲目跟风、漫天飞舞，以致破坏本就脆弱的智库生态。所以，我们可能还要保持一点冷静，从战略上认真思考智库到底应该怎么建，社科院智库应该怎么建，城市社科院智库又应该怎么建。

广州市社会科学院建院时间不短，在改革发展上也曾经历曲折艰难探索，但对于如何建设一所拿得起、顶得上、叫得响的新型城市智库，仍是一个崭新的时代课题。近几年，我们全面分析研判新型智库发展方向、趋势和规律，认真学习借鉴国内外智库建设的有益经验，对标全球城市未来演变态势和广州重大战略需求，深刻检视自身发展阶段和先天禀赋、后天条件，确定了建成市委、市政府用得上、人民群众信得过、具有一定国际影响力和品牌知名度的新型城市智库的战略目标。围绕实现这个战略目标，边探索边思考、边实践边总结，初步形成了"1122335"的一套工作思路：明确一个立院之本，即坚持研究广州、服务决策的宗旨；明确一个主攻方向，即以决策研究咨询为主攻方向；坚持两个导向，即研究的目标导向和问题导向；提升两个能力，即综合研判能力和战略谋划能力；确立三个定位，即马克思主义重要理论阵地、党的意识形态工作重镇和新型城市智库；瞄准三大发展愿景，即创造战略性思想、构建枢纽型格局和打造国际化平台；发挥五大功能，即咨政建言、理论创新、舆论引导、公众服务、国际交往。很显然，未来，面对世界高度分化又高度整合的时代矛盾，我们跟不上、不适应的感觉将长期存在。由于世界变化的不确定性，没有耐力的人常会感到身不由己、力不从心，唯有坚信事在人为、功在不舍的自觉自愿者，才会一直追逐梦想直至抵达理想的彼岸。正如习近平总书记在哲学社会科学工作座谈会上的讲话中指出的，"这是一个需要理论而且一定能够产生理论的时代，这是一个需要思想而且一定能够产生思想的时代。我们不能辜负了这个时代"。作为以生产思想和知识自期自许的智库，我们确实应该树立起具有标杆意义的目标，并且为之不懈努力。

智库风采千姿百态，但立足点还是在提高研究质量、推动内容创新上。有组织地开展重大课题研究是广州市社会科学院提高研究质量、推动内容创新的尝试，也算是一个创举。总的考虑是，加强顶层设计、统筹协调和分类指导，突出优势和特色，形成系统化设计、专业化支撑、特色化配套、集成化创新的重大课题研究体系。这项工作由院统筹组织。在课题选项上，每个研究团队围绕广州城市发展战略需求和经济社会发展中重大理论与现实问题，结合各自业务专长和学术积累，每年年初提出一个重大课题项目，经院内外专家三轮论证评析后，院里正式决定立项。在课题管理上，要求从基本逻辑与文字表达、基础理论与实践探索、实地调研与方法集成、综合研判与战略谋划等方面反复打磨锤炼，结项仍然要经过三轮评审，并集中举行重大课题成果发布会。在成果转化应用上，建设"研究专报+刊物发表+成果发布+媒体宣传+著作出版"组合式转化传播平台，形成延伸转化、彼此补充、互相支撑的系列成果。自2016年以来，广州市社会科学院已组织开展40多项重大课题研究，积累了一批具有一定学术价值和应用价值的研究成果，这些成果绝大部分以专报方式呈送市委、市政府作为决策参考，对广州城市发展产生了积极影响，有些内容经媒体宣传报道，也产生了一定的社会影响。我们认为，遴选一些质量较高、符合出版要求的研究成果统一出版，既可以记录我们成长的足迹，也能为关注城市问题和广州实践的各界人士提供一个观察窗口，是很有意义的一件事情。因此，我们充满底气地策划出版了这套智库丛书，并且希望将这项工作常态化、制度化，在智库建设实践中形成一条兼具地方特色和时代特点的景观带。

感谢同事们的辛勤劳作。他们的执着和奉献不但升华了自我，也点亮了一座城市通向未来的智慧之光。

广州市社会科学院党组书记、院长

2018 年 12 月 3 日

前　　言

当今世界科技革命方兴未艾，一些重大科技领域正处于"颠覆性突破"的前夜，科学和技术高度融合，科技创新的方式发生重大变化，成果的生产与应用呈现出高度一体化特征。能源与资源、信息与网络、先进材料与制造、农业与人口健康等领域未来可能发生重大突破，而人工智能、干细胞是其中可能的突破点。2018年10月31日，中共中央政治局就人工智能发展现状和趋势举行第九次集体学习，习近平总书记在主持学习时强调："人工智能是新一轮科技革命和产业变革的重要驱动力量，加快发展新一代人工智能是事关我国能否抓住新一轮科技革命和产业变革机遇的战略问题。要深刻认识加快发展新一代人工智能的重大意义，加强领导，做好规划，明确任务，夯实基础，促进其同经济社会发展深度融合，推动我国新一代人工智能健康发展。"干细胞是一类具有自我更新能力的多潜能细胞，在适当的条件下，可以分化成多种功能细胞。干细胞这种基于"修复"和"替代"的新型疾病治疗理念，不仅为多种无法治愈的疾病带来希望，而且将使疾病治疗模式发生革命性的变化，对于提升人口健康水平将发挥巨大的推动作用。干细胞领域已经成为21世纪生命科学和医学研究的热点，许多国家已将干细胞领域列为国家重大科技发展方向，旨在占领领域制高点。

广州是一座拥有2200年历史的老城市，在这漫漫历史长河中，广州技术发展从未止步。从西汉象岗南越王墓中出土的大小两件青铜印花凸板，是迄今所知世界上最早的一套彩色套印织物的印花工具。晋朝人葛洪所著的《肘后备急方》，其中对天花、恙虫病等疾病治疗的记载，在世界上是最早的。1893 年广州成立中国最早的罐头厂——广茂罐头厂，利用真空保鲜食品。1931 年筹建的广州造纸厂于 1938 年正式产纸百余吨，成为世界上第一个用马尾松作原料生产新闻用纸的工厂。经过改革开放四十年的发展，广州在生物、新材料、能源、农业等 7 大领域中的 20 项技术已处于国际领跑与并跑水平。但总的来看，广州关键核心技术仍然依靠国外，关键设备及核心零部件的设计、研发仍依赖进口。作为国家中心城市，广州应加快实施创新驱动战略，尤其是瞄准世界科技前沿，在重大技术领域率先取得突破，拥有一批引领性原创重大成果，让老城市焕发新活力。

在上述背景下，我们开展《全球技术动向与广州技术发展》研究，基于专利视角分析全球技术以及人工智能、干细胞技术发展动向，梳理主要国家及国内先进城市技术发展思路与政策，研究广州技术发展历程与现状，在分析广州技术布局及政策的基础上，提出推进广州技术发展的主要策略。全书共分为八章，其中第一、二、三、七、八章由张赛飞、刘晓丽、杨莹撰写，第四章由张赛飞撰写，第五章由杨莹撰写，第六章由刘晓丽撰写。由于我们水平有限，文中难免存在错漏，请读者批评指正。

作者

2020 年 7 月于广州

目 录

第一章 全球技术动向 ……………………………………（1）
  一 全球技术 …………………………………………（1）
  二 人工智能技术 ……………………………………（14）
  三 干细胞技术 ………………………………………（40）

第二章 主要国家科技战略与政策 ………………………（64）
  一 美国 ………………………………………………（64）
  二 日本 ………………………………………………（77）
  三 中国 ………………………………………………（85）

第三章 国内主要城市科技创新战略与政策 ……………（98）
  一 北京 ………………………………………………（98）
  二 上海 ………………………………………………（109）
  三 深圳 ………………………………………………（121）

第四章 广州技术发展历程与现状 ………………………（128）
  一 发展历程 …………………………………………（128）
  二 发展现状 …………………………………………（147）

第五章 广州人工智能技术发展历程与现状 ……………（152）
  一 发展历程 …………………………………………（152）

二　发展现状 …………………………………………（181）

第六章　广州干细胞技术发展历程与现状 …………（192）
　　一　发展历程 …………………………………………（192）
　　二　发展现状 …………………………………………（202）

第七章　广州技术布局与政策 ………………………（209）
　　一　科技战略 …………………………………………（209）
　　二　科技计划 …………………………………………（211）
　　三　人工智能政策措施 ………………………………（216）
　　四　干细胞政策措施 …………………………………（222）

第八章　推进广州技术发展的对策建议 ……………（230）
　　一　创新制度安排，形成重大突破 …………………（230）
　　二　聚焦重大领域，打造产业引擎 …………………（234）
　　三　培育技术主体，提高技术能力 …………………（242）
　　四　推动转化孵化，放大技术效应 …………………（244）
　　五　利用国际资源，扩大合作网络 …………………（249）
　　六　改善创新环境，增强发展动力 …………………（254）

主要参考文献 …………………………………………（258）

第一章 全球技术动向

据世界知识产权组织统计,世界上每年发明创造成果的90%—95%体现在专利技术中,其中约70%最早体现在专利申请中①,约有70%的发明成果未见于非专利文献上②。可见,专利文献是世界上最丰富的技术信息资源,不仅记载了科学技术的每一步发展,而且是许多技术信息的唯一来源。因此,本书主要借助专利信息尤其是发明专利信息,分析技术动向,洞察技术走势。

一 全球技术

本节以世界知识产权组织申请的发明专利③(以下简称"PCT专利")为基础,分析2016年以来全球技术发展态势。

(一) 技术动向
1. 电通信技术、医学是两大热点类别

2016年以来,H04(电通信技术)、A61(医学或兽医学;

---

① 李晨:《我国首个重点产业专利信息服务平台建成》,2010年2月26日,科学网(http://news.sciencenet.cn/htmlnews/2010/2/228788.shtm)。
② 李绩:《专利文献的特点及利用》,《中国科技成果》2008年第23期,第27—29页。
③ 数据来源于incoPat数据库,检索时间为2020年5—7月。

卫生学）两个类别专利申请占比在10%以上，分别为11.99%、11.09%。此外，G06（计算；推算；计数）、H01（基本电气元件）、G01（测量；测试）三个类别专利申请占比在5%以上（见表1-1）。总的来看，电通信技术、医学、计算、基本电气元件、测量是全球近年来技术发展的主要热点领域。

表1-1　2016—2020年第一季度PCT专利排名前十的技术类别

主IPC大类	专利数量（件）	比重（%）
H04（电通信技术）	117483	11.99
A61（医学或兽医学；卫生学）	108617	11.09
G06（计算；推算；计数）	97272	9.93
H01（基本电气元件）	68367	6.98
G01（测量；测试）	51825	5.29
C07（有机化学[2]）	30760	3.14
B60（一般车辆）	26606	2.72
H02（发电、变电或配电）	25288	2.58
C12（生物化学；啤酒；烈性酒；果汁酒；醋；微生物学；酶学；突变或遗传工程）	22279	2.27
G02（光学）	22046	2.25

在全球热点技术门类H04（电通信技术）中，申请者①前三位的机构依次是华为、中兴通讯和高通，在全球该领域占比分别为11.47%、6.61%、5.53%。在A61（医学或兽医学；卫生学）中，奥林巴斯、飞利浦、宝洁三企业居于前列，在全球该领域占比分别为2.19%、1.71%、0.88%。在G06（计算；推算；计数）领域中居于前列的机构依次为微软、华为、阿里巴巴，占比分别为4.26%、2.93%、2.23%。LG化学、京东方、英特尔分别位于H01（基本电气元件）领域前三位，占比分别

---

① 按第一申请者统计。

为2.69%、2.63%、2.6%。博世、三菱电机、电装则居于G01（测量；测试）领域前三甲，占比分别为1.88%、1.31%、1.19%。综合来看，五大热门门类中，H04（电通信技术）出现相对集中的态势，而G01（测量；测试）则呈相对分散状态。

2. 电数字数据处理是主要技术热点

进一步从技术小类来看，G06F（电数字数据处理）专利申请56798件，占5.80%。此外，A61K（医用、牙科用或梳妆用的配制品）、H04W（无线通信网络）、H04L（数字信息的传输）和A61B（诊断；外科；鉴定）专利申请量占比居前，但并未超过5%。进入专利申请数量前十位的其他领域依次为H01L（半导体器件）、G06Q（专门的数据处理系统或方法）、H04N（图像通信）、G01N（借助于测定材料的化学或物理性质来测试或分析材料）和H01M（用于直接转变化学能为电能的方法或装置）（见表1-2）。

表1-2 2016—2020年第一季度PCT专利排名前十的技术领域

主IPC小类	专利数量（件）	比重（%）
G06F（电数字数据处理）	56798	5.80
A61K（医用、牙科用或梳妆用的配制品）	39233	4.00
H04W（无线通信网络）	38833	3.96
H04L（数字信息的传输）	35528	3.63
A61B（诊断；外科；鉴定）	30925	3.16
H01L（半导体器件）	29075	2.97
G06Q（专门的数据处理系统或方法）	21454	2.19
H04N（图像通信）	21098	2.15
G01N（借助于测定材料的化学或物理性质来测试或分析材料）	20196	2.06
H01M（用于直接转变化学能为电能的方法或装置）	14965	1.53

4 全球技术动向与广州技术发展

在全球热点技术领域 G06F（电数字数据处理）中，微软、华为、英特尔居机构前三位，在该领域占比分别达到 5.45%、4.22%、2.87%，显示了较高的机构集中度。总的来看，前十技术热点中，H 领域中有 5 项技术，G 领域中有 3 项，A 领域中有 2 项，除 G06F（电数字数据处理）技术外，其他各技术领域专利差距不大。

（二）行业动向

1. 制造业占据产业主导地位

从行业门类①来看，制造业专利申请量占 85.99%，信息传输、软件和信息技术服务业占比 11.91%（见表 1-3）。从行业类别来看，计算机、通信和其他电子设备制造业，电信、广播电视和卫星传输服务，电气机械和器材制造业，专用设备制造业四个行业的专利申请量占比分别为 15.13%、11.91%、10.55%、10.04%。另外，通用设备制造业、化学原料和化学制品制造业、仪器仪表制造业、医药制造业四行业的占比也超过 5%（见表 1-4）。综合来看，自 2016 年以来，制造业是技术发展的主导产业，计算机、通信和其他电子设备制造业，电信、广播电视和卫星传输服务等八大行业是技术发展的热门行业。

表 1-3　2016—2020 年第一季度 PCT 专利排名前十的行业门类

国民经济行业门类	专利数量（件）	比重（%）
C（制造业）	842589	85.99
I（信息传输、软件和信息技术服务业）	116742	11.91
E（建筑业）	7326	0.75
D（电力、热力、燃气及水生产和供应业）	4160	0.42
OTH（其他）	3730	0.38

① 按《国民经济行业分类》进行统计。

续表

国民经济行业门类	专利数量（件）	比重（%）
A（农、林、牧、渔业）	2475	0.25
B（采矿业）	299	0.03

表1-4 2016—2020年第一季度PCT专利排名前十的行业类别

国民经济行业类别	专利数量（件）	比重（%）
C39（计算机、通信和其他电子设备制造业）	148261	15.13
I63（电信、广播电视和卫星传输服务）	116743	11.91
C38（电气机械和器材制造业）	103362	10.55
C35（专用设备制造业）	98406	10.04
C34（通用设备制造业）	86765	8.86
C26（化学原料和化学制品制造业）	81069	8.27
C40（仪器仪表制造业）	79728	8.14
C27（医药制造业）	75971	7.75
C36（汽车制造业）	35076	3.58
C33（金属制品业）	29508	3.01

2. 三菱电机居多个热点行业首位

在C39（计算机、通信和其他电子设备制造业）、I63（电信、广播电视和卫星传输服务）、C38（电气机械和器材制造业）、C35（专用设备制造业）、C34（通用设备制造业）、C26（化学原料和化学制品制造业）、C40（仪器仪表制造业）、C27（医药制造业）八大热点行业中，三菱电机专利申请居于C38（电气机械和器材制造业）、C34（通用设备制造业）首位，占全球比重分别达到4.11%、1.63%。而京东方、华为、奥林巴斯、LG化学、博世、加州大学董事会则分别在C39（计算机、通信和其他电子设备制造业）、I63（电信、广播电视和卫星传输服务）、C35（专用设备制造业）、C26（化学原料和化学制品制造业）、C40（仪器仪表制造业）、C27（医药制造业）行业中居于首位,在全球该行业占比分别达 3.08%、11.76%、2.41%、2.16%、1.42%、1.13%。总的来看,三菱电机、京东方、华为、奥林巴斯、LG 化学、加州大学位于八大行业热点首位,其中,三菱电机位居电气机械和器材制造业等三大行业首位,而华为在电信、广播电视和卫星传输服务中占比十分突出,显示了较高的集中度。

(三) 国家动向

1. 美、日、中三国居世界前列

从专利申请者归属国别及地区来看,美国专利申请数量占比最高,达到 25.58%;其次是日本,占 20.54%;再次是中国,占 18.52%(见表 1-5)。德国和韩国的占比超过 5%,位于第四、第五位,进入前十位的还有法国、英国、瑞士、荷兰和瑞典。

表 1-5　2016—2020 年第一季度 PCT 专利排名前十的申请国别及地区

申请人国别	专利数量（件）	比重（%）
美国	250649	25.58
日本	201220	20.54
中国①	181457	18.52
德国	81771	8.35
韩国	65198	6.65
法国	35900	3.66
英国	26814	2.74
瑞士	20103	2.05
荷兰	20073	2.05
瑞典	16985	1.73

① 含部分港澳台。

2. 美、日、中三国技术热点不尽相同

2016年以来，美国热点技术类别主要集中在A61（医学或兽医学；卫生学）、G06（计算；推算；计数）、H04（电通信技术）、H01（基本电气元件）、G01（测量；测试），其发明专利占比分别为17.53%、13.37%、10.55%、5.72%、5.22%；热点技术主要集中在G06F（电数字数据处理）、H01L（半导体器件）、G06Q（专门的数据处理系统或方法），发明专利占比分别为22.66%、11.60%、8.56%，前十大领域专利占比达56.46%。

同期日本热点技术类别主要集中在H01（基本电气元件）、H04（电通信技术）、A61（医学或兽医学；卫生学）、G06（计算；推算；计数）、G01（测量；测试），其发明专利占比分别为11.50%、8.01%、7.37%、6.75%、6.07%；H01L（半导体器件）、G06F（电数字数据处理）、A61B（诊断；外科；鉴定）三大技术领域发明专利居于前列，占比分别为4.81%、3.64%、3.29%，但均未超过5%，前十大领域专利占比达27.97%。

中国热点技术类别主要集中在H04（电通信技术）、G06（计算；推算；计数）、H01（基本电气元件），其发明专利占比分别为25.12%、15.02%、6.87%；热点技术主要集中在G06F（电数字数据处理）、H04W（无线通信网络）、H04L（数字信息的传输），发明专利占比分别为9.86%、9.54%、7.89%，前十大领域专利占比达43.95%。

从美国、日本、中国的区别来看，美国主要技术热点为G06F（电数字数据处理）、H01L（半导体器件），且十分集中，日本主要技术热点为H01L（半导体器件），但相对比较分散，中国主要技术热点为G06F（电数字数据处理）、H04W（无线通信网络），集中度介于美国和日本之间。

(四) 机构动向

1. 华为位居机构第一

从前 20 家机构所在国来看（见图 1-1），日本 6 家，美国 4 家，中国 3 家，韩国 3 家，德国 2 家，瑞典 1 家，荷兰 1 家。从申请者[①]来看，华为技术有限责任公司以 18768 件专利申请量位列第一，占比为 1.92%。排名第二和第三的分别是中兴通讯股份有限公司和三菱电机株式会社，专利申请数量分别为 10687 件和 10625 件，占比分别为 1.09% 和 1.08%，高通公司则以 9631 件位居第四。

2. 多个机构在多个领域居于前列

华为在全球 H04（电通信技术）、G06（计算；推算；计数）领域中 PCT 专利占比分别达到 11.47%、2.93%，居全球第一位和第二位；在 H04W（无线通信网络）、H04L（数字信息的传输）、G06F（电数字数据处理）三个小类中，华为分别占全球该领域的 16.11%、13.3%、4.22%，分别居全球第一位、第一位和第二位。中兴通讯在 H04W（无线通信网络）、H04L（数字信息的传输）领域中均居全球第二位，占比分别为 8.27%、8.26%。微软在 G06F（电数字数据处理）、G06Q（专门的数据处理系统或方法）领域占比分别达 5.45%、2.73%，居全球第一位、第三位。英特尔在 H01L（半导体器件）、G06F（电数字数据处理）分别居全球第一位、第三位，占比分别为 6%、2.87%。另外，LG、奥林巴斯、索尼、爱立信、高通分别在 H01M（用于直接转变化学能为电能的方法或装置）、A61B（诊断；外科；鉴定）、H04N（图像通信）、H04W（无线通信网络）、H04L（数字信息的传输）领域的占比均超过 5%，显示了其突出的技术优势。

---

① 按第一申请者统计。

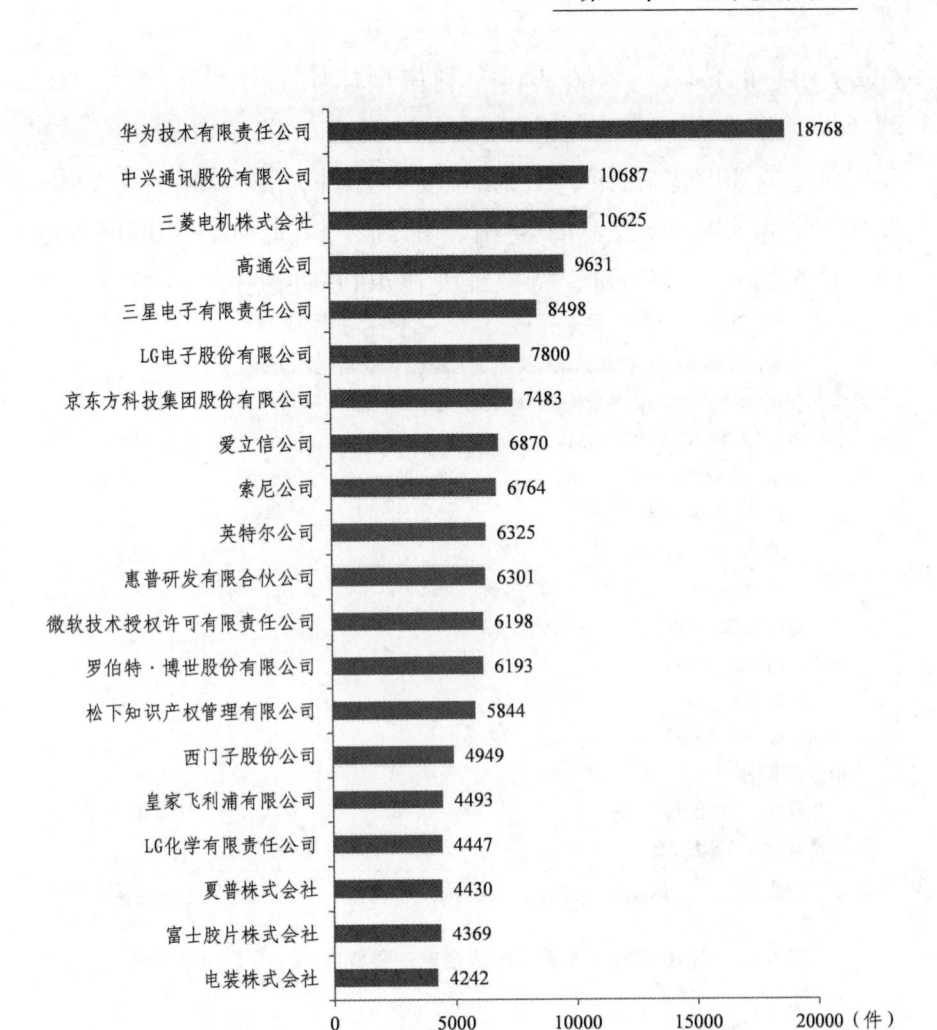

机构	数量
华为技术有限责任公司	18768
中兴通讯股份有限公司	10687
三菱电机株式会社	10625
高通公司	9631
三星电子有限责任公司	8498
LG电子股份有限公司	7800
京东方科技集团股份有限公司	7483
爱立信公司	6870
索尼公司	6764
英特尔公司	6325
惠普研发有限合伙公司	6301
微软技术授权许可有限责任公司	6198
罗伯特·博世股份有限公司	6193
松下知识产权管理有限公司	5844
西门子股份公司	4949
皇家飞利浦有限公司	4493
LG化学有限责任公司	4447
夏普株式会社	4430
富士胶片株式会社	4369
电装株式会社	4242

图1-1 2016—2020年第一季度PCT专利排名前20的第一申请机构

（五）城市动向

1. 东京位于城市首位

从全球主要城市专利来看（见图1-2），东京110509件，占全球的11.28%，处于领先地位。尤其是在H01L（半导体器件）、A61B（诊断；外科；鉴定）、H01M（用于直接转变化学能为电能的方法或装置）领域，东京的PCT专利占全球该领域比重均超过15%，在全球具有一定的技术领先优势。深圳72856件，占全球的7.44%，其H04W（无线通信网络）、H04L

（数字信息的传输）领域 PCT 专利占全球比重分别达到 28.1%、27.9%，在全球处于技术领先地位。首尔、北京分别占全球的 2.81%、2.80%。巴黎、上海超过 1 万件，占全球的 1.28%、1.16%。广州、伦敦、旧金山、纽约、新加坡在 4000—6000 件，中国香港、芝加哥、特拉维夫在 4000 件以下。

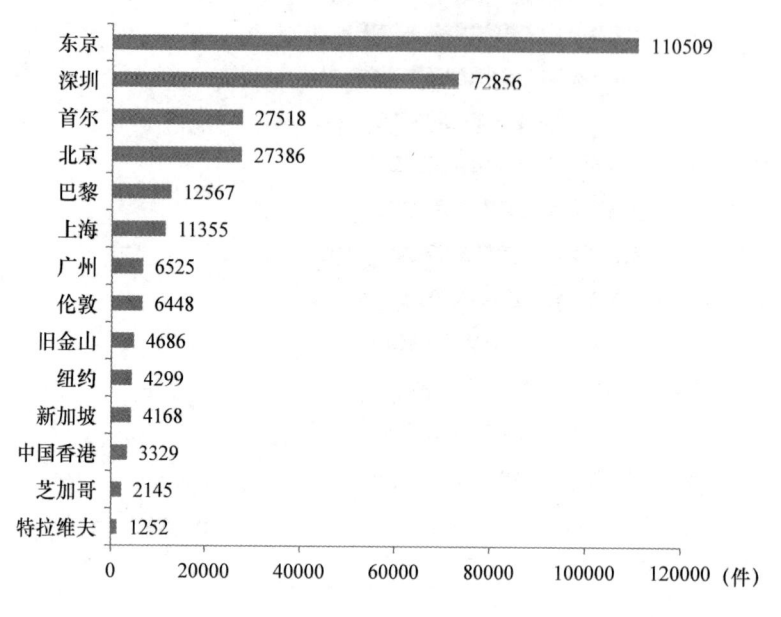

城市	PCT 专利申请数量（件）
东京	110509
深圳	72856
首尔	27518
北京	27386
巴黎	12567
上海	11355
广州	6525
伦敦	6448
旧金山	4686
纽约	4299
新加坡	4168
中国香港	3329
芝加哥	2145
特拉维夫	1252

图 1-2　2016—2020 年第一季度全球主要城市 PCT 专利申请数量

2. 主要城市技术热点有所不同

东京的技术热点主要是 H01L（半导体器件）、G06F（电数字数据处理）、A61B（诊断；外科；鉴定），其 PCT 专利申请超过 5000 件，占全市比重分别达到 4.84%、4.71%、4.54%。深圳的技术热点主要集中在 H04W（无线通信网络）、H04L（数字信息的传输）、G06F（电数字数据处理）、H04N（图像通信），其 PCT 专利占全市比重分别达到 14.99%、13.62%、12.96%、5.10%。首尔的技术热点主要为 H04W（无线通信网络）、H01M（用于直接转变化学能为电能的方法或装置）、H04L（数字信息的传输），其 PCT 专利占全市比重分别达到

9.16%、6.61%、5.79%。北京的技术热点主要集中在 G06F（电数字数据处理）、H04W（无线通信网络）、H01L（半导体器件）、H04L（数字信息的传输）、G02F（用于控制光的强度、颜色、相位、偏振或方向的器件或装置），其 PCT 专利占全市比重分别达到 13.85%、10.06%、8.14%、6.51%、5.28%。总的来看，东京、深圳、首尔、北京的技术热点有所不同。

3. 企业是城市技术发展的重要推动者

东京、深圳、首尔、北京之所以能够在全球城市中技术领先，是因为集聚了一批领先的创新型企业，东京的三菱电机、深圳的华为、首尔的 LG 电子、北京的京东方，它们的 PCT 专利申请[①]占本地 PCT 专利比重分别达到 9.61%、25.76%、28.39%、27.32%，技术领先的企业是城市技术发展的重要推动者。

（六）合作动向

1. 美国是主要国家的技术合作国

技术合作是当今技术发展的一大特征，以 PCT 为代表的专利合作是技术合作的重要体现。自 2016 年以来，从 PCT 专利合作来看，专利申请前十的国家中，只有瑞典的第一合作国是中国，美国为其第三合作国，而其余八个国家的第一合作国均为美国。进一步从专利申请前十的国家间双边合作来看，合作规模依次为美国—中国（4747 件）、美国—荷兰（3972 件）、美国—英国（3440 件）、美国—德国（2993 件）、美国—瑞士（2900 件）、美国—法国（2742 件）、美国—日本（2468 件）。进一步从合作领域来看，美国与中国的合作领域主要为 G06F（电数字数据处理）、H04N（图像通信）、A61K（医用、牙科用或梳妆用的配制品）；与荷兰的合作领域主要为 E21B（土层或

---

① 按第一申请者进行统计。

岩石的钻进）、A61K（医用、牙科用或梳妆用的配制品）、C11D（洗涤剂组合物）；与英国的合作领域主要为G06F（电数字数据处理）、A61K（医用、牙科用或梳妆用的配制品）、C11D（洗涤剂组合物）；与德国的合作领域主要为G01N（借助于测定材料的化学或物理性质来测试或分析材料）、C23C（对金属材料的镀覆）、F01D（非变容式机器或发动机）；与瑞士的合作领域主要为C07D（杂环化合物）、C07K（肽）、A61K（医用、牙科用或梳妆用的配制品）；与法国合作主要在E21B（土层或岩石的钻进）、A61K（医用、牙科用或梳妆用的配制品）、B60C（车用轮胎等）领域；与日本合作主要在H01L（半导体器件）、G06F（电数字数据处理）、H04W（无线通信网络）领域。总的来看，美国是主要国家的合作国，其合作领域十分广泛，在全球技术合作中发挥重要作用。

2. 中美合作居全球合作首位

中国的专利技术合作主要是与美国、德国、日本、英国的合作，其专利合作申请量分别为4747件、1544件、1339件、1158件，占中国专利申请量的2.62%、0.85%、0.74%、0.64%。与美国主要合作领域是G06F（电数字数据处理）、H04N（图像通信）、A61K（医用、牙科用或梳妆用的配制品）；与德国主要合作领域是H04L（数字信息的传输）、G06F（电数字数据处理）、H04W（无线通信网络）；与日本主要合作领域是H04W（无线通信网络）、D06F（纺织品的洗涤）、H04L（数字信息的传输）；与英国主要合作领域是G06F（电数字数据处理）、H01L（半导体器件）、H04L（数字信息的传输）。综合来看，自2016年以来，中国的国际技术合作主要以与美国的合作为主，合作领域则主要在G06（计算；推算；计数）、H04（电通信技术）、A61（医学或兽医学；卫生学）。

3. 跨国公司是国家合作的重要载体

从机构间合作申请 PCT 专利来看，英国联合利华、荷兰联合利华与联合利华北美公司合作申请 962 件，斯伦贝谢科技公司（美国）、加拿大斯伦贝谢（加拿大）有限责任公司、斯伦贝谢油田服务公司（法国）、斯伦贝谢科技有限公司（荷兰）合作申请 853 件，德州仪器股份有限公司（美国）与德州仪器（日本）有限公司合作申请 721 件，国际商业机器公司（美国）、国际商业机器（英国）有限公司、国际商业机器（中国）投资有限公司合作申请 683 件，荷兰壳牌国际研究有限公司、壳牌石油公司（美国）合作申请 647 件，瑞士霍夫曼·罗氏公司、霍夫曼·罗氏股份有限公司（美国）合作申请 482 件。进一步来看，在 A61K（医用、牙科用或梳妆用的配制品）领域，英国联合利华、荷兰联合利华与联合利华北美公司合作申请专利，占美国和英国该领域合作申请专利的 67%，占美国和荷兰该领域合作申请专利的 74%。在 H01L（半导体器件）领域，德州仪器股份有限公司（美国）与德州仪器（日本）有限公司合作申请专利，占美国和日本该领域合作申请专利的 48%。在 E21B（土层或岩石的钻进）领域，斯伦贝谢科技公司（美国）、加拿大斯伦贝谢（加拿大）有限责任公司、斯伦贝谢油田服务公司（法国）、斯伦贝谢科技有限公司（荷兰）合作申请专利数量占法国和加拿大该领域合作申请专利的 69%，占美国和法国该领域合作申请专利的 69%，占美国和荷兰该领域合作申请专利的 59%。在国际商业机器公司（美国）、国际商业机器（英国）有限公司、国际商业机器（中国）投资有限公司作申请专利数量占美国和中国该领域合作申请专利的 39%，占美国和英国该领域合作申请专利的 60%。可见，跨国公司各分支机构间的技术合作十分紧密，是国家间技术合作的主要载体，是国际技术合作的重要方式。

4. 机构和个人合作十分普遍

从全球主要机构来看，2016年以来，华为的国际技术合作主要是与德国、瑞典进行，其PCT专利合作申请量分别达到730件、355件，主要是和个人合作申请。爱立信则主要是和中国、加拿大开展合作，其PCT专利合作申请量分别达到534件、128件，也是主要和个人合作申请的。此外，英特尔和中国合作的449件PCT专利、惠普和西班牙合作的211件、博世和美国合作的140件、NEC和中国合作的133件、微软和中国合作的99件，也都是和个人合作申请的。总的来看，当前全球的专利技术合作，除了机构尤其是跨国公司内部网络的合作之外，机构与个人的合作也十分广泛。

二 人工智能技术

1956年，达特茅斯会议首次提出了"人工智能"这一概念，在60多年的发展历程中，人工智能技术及应用经历了多次高潮和低谷。随着算法、算力以及大数据的飞速发展，2006年以来，以深度学习为代表的人工智能技术在计算机视觉和语音识别等领域取得了极大的成功，使人工智能再次受到广泛关注。当前，人工智能技术正加速与交通、医疗、教育、物流、安防、农业等行业融合，深刻改变着生产生活方式，引领人类社会进入智能时代。可以说，人工智能已成为科技革命和产业变革的重要驱动力量，将不断发挥其强大的技术辐射效应，实现社会生产力的整体跃升。

由于涉及交叉学科且仍处于发展初期，关于人工智能的定义并不统一，专利检索方法也有所不同。为清晰展现人工智能技术发展动向，本节参考了《人工智能标准化白皮书（2018版）》《人工智能技术专利深度分析报告》《2019年人工智能中国专利技术分析报告》等重点研究报告，梳理了当前人工智能专利技术检索及分析方法，并咨询了人工智能领域的专家，在此基础上，最终确定了人工智能及其重点技术分支的中英文关键词。本节将标题或摘要中包含相应中英文关键词的已公开的发明专利纳入分析范畴，以此作为检索策略。

（一）总体动向

2016 年至 2020 年第一季度，全球人工智能发明专利申请量共 231701 件[①]。

1. 中国是主要的技术市场

从技术市场来看，人工智能发明专利主要集中在中国[②]（135186 件）和美国（32782 件），其中，在中国申请的专利数量占全球的比重接近 60%。其次，在世界知识产权组织申请的专利数量（18869 件）占比为 8.14%，在日本（10974 件）和韩国（10831 件）申请的专利数量较为相当，占比分别为 4.74% 和 4.67%（见表 1-6）。总的来看，中国已成为全球人工智能技术布局最主要的市场。

表 1-6　2016—2020 年第一季度全球人工智能技术市场分布

排名	公开专利国别/地区	专利数量（件）	占比（%）
1	中国	135186	58.35
2	美国	32782	14.15
3	世界知识产权组织	18869	8.14
4	日本	10974	4.74
5	韩国	10831	4.67
6	欧洲专利局（EPO）	7798	3.37

---

① 本节中的专利均指已公开的全球发明专利，专利数据来源于 incoPat 数据库，检索时间为 2020 年 5—7 月。

② 本节中公开专利国别为中国的专利指的是向中国国家知识产权局申请并公开的专利。

续表

排名	公开专利国别/地区	专利数量（件）	占比（%）
7	印度	3667	1.58
8	德国	2126	0.92
9	中国台湾	1861	0.80
10	英国	1604	0.69

2. G06F 等 6 小类技术较为活跃

从技术分类①来看，全球人工智能 G06F（电数字数据处理）类别的专利数量最多，共有 38574 件，占比达到 16.30%，其次是 G06K（数据识别等）类别，专利数量共有 33621 件，占比为 14.20%。除此之外，G06T（一般的图像数据处理或产生）、G06N（基于特定计算模型的计算机系统）、G06Q（专门的数据处理系统或方法等）、G10L（语音分析或合成；语音识别等）类别的专利数量占比也都在 5% 以上。进一步从技术大组来看，G06K9（用于阅读或识别印刷或书写字符或者用于识别图形）和 G06F17（特别适用于特定功能的数字计算设备或数据处理设备或数据处理方法）大组的专利数量较多，分别有 32756 件、11825 件，占比分别为 14.14%、5.10%（见表 1-7）。总的来看，G06F、G06K、G06T、G06N、G06Q、G10L 六小类和 G06K9、G06F17 两大组技术创新态势较为活跃。

3. 计算机、通信和其他电子设备制造业是最主要的行业热点

从国民经济行业分类来看，计算机、通信和其他电子设备制造业专利申请数量（111750 件）占比为 48.23%，占据了人工智能专利申请量近半壁江山。除此之外，仪器仪表制造业，电信、广播电视和卫星传输服务，文教、工美、体育和娱乐用品制造业专利申请量也相对较多，占比均在 5% 以上。可以看

---

① 本节中的技术分类指的是国际专利分类（IPC）主分类号。

到，近半专利集中在计算机、通信和其他电子设备制造业，是人工智能领域最主要的行业热点。

表1-7　2016—2020年第一季度全球人工智能申请量前十的技术分类

排名	技术小类			技术大组		
	分类号	专利数量（件）	占比（%）	分类号	专利数量（件）	占比（%）
1	G06F	38574	16.30	G06K9	32756	14.14
2	G06K	33621	14.20	G06F17	11825	5.10
3	G06T	18738	7.92	G06F3	10921	4.71
4	G06N	14162	5.98	G06N3	10285	4.44
5	G06Q	13349	5.64	G06T7	10232	4.42
6	G10L	11985	5.06	G10L15	8144	3.51
7	H04N	7816	3.30	G06Q10	5702	2.46
8	H04L	5388	2.28	G06F16	5083	2.19
9	A61B	5154	2.18	G05D1	3994	1.72
10	G05B	4660	1.97	G06F21	3579	1.54

4. 三星电子株式会社居全球首位

从申请量全球排名前十的第一申请机构来看，美国和中国均占了4席，韩国占据2席（见表1-8）。具体来看，排在全球前四位的机构分别是三星电子株式会社、国际商业机器公司、谷歌有限责任公司、微软技术授权许可有限责任公司，专利申请量分别为3175件、2763件、2727件、2498件，占全球的比重均在1%以上。紧随其后的是中国的平安科技（深圳）有限公司、腾讯科技（深圳）有限公司、广东欧珀移动通信有限公司、百度在线网络技术（北京）有限公司。此外，韩国的LG电子株式会社、美国的英特尔公司均进入全球排名前十的行列。

由此可见，人工智能技术创新态势表现亮眼的机构主要来自美国和中国。

表1-8 2016—2020年第一季度全球人工智能发明专利申请量排名前十的第一申请机构

排名	第一申请机构	所属国家[①]	专利数量（件）	占比（%）
1	三星电子株式会社	韩国	3175	1.37
2	国际商业机器公司	美国	2763	1.19
3	谷歌有限责任公司	美国	2727	1.18
4	微软技术授权许可有限责任公司	美国	2498	1.08
5	平安科技（深圳）有限公司	中国	1898	0.82
6	腾讯科技（深圳）有限公司	中国	1790	0.77
7	广东欧珀移动通信有限公司	中国	1778	0.77
8	百度在线网络技术（北京）有限公司	中国	1759	0.76
9	LG电子株式会社	韩国	1646	0.71
10	英特尔公司	美国	1306	0.56

5. 中国申请量全球第一

从主要国家（地区）来看，中国的专利申请量最多[②]，为136420件，占全球的比重高达58.88%。其次是美国，专利申请量为40779件，占全球的比重为17.60%。日本和韩国的专利申请量分别排在第三位和第四位，分别为16567件和14258件，占比分别为7.15%和6.15%（见图1-3）。总的来看，中、美、日、韩是主要的申请国，中国已成为全球人工智能专利申请量的领先者。

---

① 以数据库中的主要地址为准。

② 本节中，中国申请的专利指的是中国大陆申请人所申请并公开的发明专利。

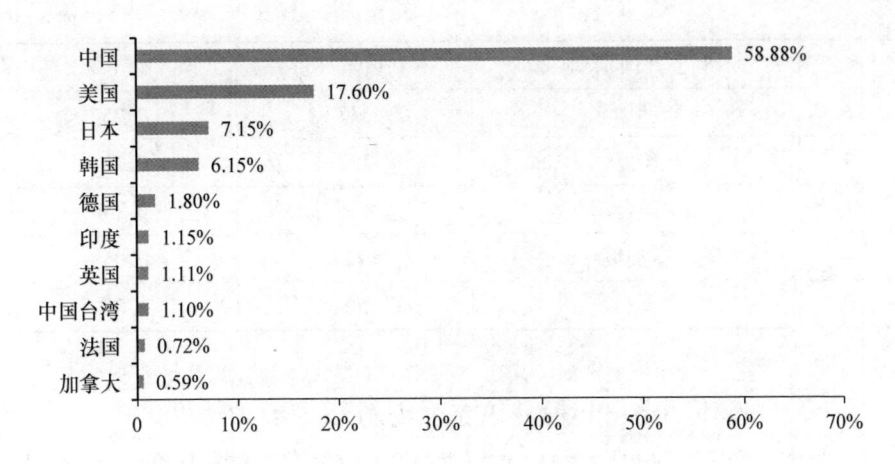

```
中国      58.88%
美国   17.60%
日本  7.15%
韩国  6.15%
德国 1.80%
印度 1.15%
英国 1.11%
中国台湾 1.10%
法国 0.72%
加拿大 0.59%
```

图 1-3 2016—2020 年第一季度全球人工智能专利申请量前十的国家（地区）

（二）主要国家动向

1. 中国

（1）本国是最主要的技术市场

从技术市场来看，中国在 28 个国家（地区）申请了人工智能专利，其中，在本国申请的专利数量占绝大多数，共有 126254 件，占比高达 92.55%，在境外申请的专利数量占比仅为 7.45%。从境外市场来看，通过世界知识产权组织申请的境外专利数量最多，共 5375 件，占比为 3.94%（见表 1-9）。总的来看，中国人工智能技术市场主要在本国。

表 1-9 2016—2020 年第一季度中国人工智能技术市场分布

排名	专利公开国别/地区	专利数量（件）	占比（%）
1	中国	126254	92.55
2	世界知识产权组织	5375	3.94
3	美国	2321	1.70
4	欧洲专利局（EPO）	779	0.57
5	日本	482	0.35

续表

排名	专利公开国别/地区	专利数量（件）	占比（%）
6	韩国	337	0.25
7	印度	297	0.22
8	中国台湾	186	0.14
9	新加坡	72	0.05
10	澳大利亚	58	0.04

（2）G06K小类和G06K9大组创新态势最为活跃

从技术小类来看，中国人工智能G06K（数据识别等）类别专利数量最多，共有25923件，占比为19.00%。其次是G06F（电数字数据处理）类别，专利数量为22889件，占比为16.78%。G06T（一般的图像数据处理或产生，10941件）、G06Q（专门的数据处理系统或方法，7662件）类别专利数量也相对较多，占比分别为8.02%、5.62%。进一步从技术大组来看，G06K9（用于阅读或识别印刷或书写字符或者用于识别图形）大组的专利数量最多，共有25387件，占比为18.61%，此外，G06F17（特别适用于特定功能的数字计算设备或数据处理设备或数据处理方法）、G06T7（图像分析）大组的专利数量的比重也在5%左右。总的来看，G06K小类和G06K9大组技术创新态势最为活跃。

（3）近半专利集中在计算机、通信和其他电子设备制造业

从国民经济行业分类来看，计算机、通信和其他电子设备制造业专利申请量（64634件）占比接近50%，其次是仪器仪表制造业（16360件），占比约为12%。此外，电信、广播电视和卫星传输服务，文教、工美、体育和娱乐用品制造业专利数量占比也在5%以上。总的来看，与全球表现一致，计算机、通信和其他电子设备制造业是中国人工智能发展的重要支撑行业。

（4）平安科技（深圳）有限公司位居榜首

从第一申请机构来看，申请量排前列的依次是平安科技（深圳）有限公司（1898件）、腾讯科技（深圳）有限公司（1790件）、广东欧珀移动通信有限公司（1778件）、百度在线网络技术（北京）有限公司（1759件），占中国申请总量的比重分别1.39%、1.31%、1.30%、1.29%，均进入全球前十行列。此外，京东方科技集团股份有限公司、华为技术有限公司、天津大学、电子科技大学、浙江大学、华南理工大学依次进入全国前十。从机构类型来看，排名全国前十的第一申请机构中，除了6家企业之外，还有4家高校。可以说，高校在推动中国人工智能技术发展过程中扮演着重要角色。

2. 美国

（1）技术市场布局较为均衡

从技术市场来看，美国在36个国家（地区）申请了人工智能专利，其中，在本国申请的专利数量共有20356件，占比为49.92%，在境外申请的占比为50.08%，与在本国申请的专利数量相当。从境外市场来看，通过世界知识产权组织申请的境外专利数量最多，共有6479件，占比为15.89%，在中国和欧洲专利局（EPO）申请的专利数量次之，分别有3326件、2947件，占比为8.16%、7.23%（见表1-10）。总的来看，美国在境外申请的人工智能专利数量与在本国申请的数量较为相当，通过世界知识产权组织申请专利是境外技术市场布局的重要方式。

表1-10　2016—2020年第一季度美国人工智能技术市场分布

排名	专利公开国别/地区	专利数量（件）	占比（%）
1	美国	20356	49.92
2	世界知识产权组织	6479	15.89
3	中国	3326	8.16

续表

排名	专利公开国别/地区	专利数量（件）	占比（%）
4	欧洲专利局（EPO）	2947	7.23
5	日本	1716	4.21
6	印度	1011	2.48
7	韩国	998	2.45
8	澳大利亚	872	2.14
9	加拿大	783	1.92
10	英国	487	1.19

（2）G06F 小类和 G06N3 大组技术创新表现最为凸显

从技术小类来看，美国人工智能 G06F（电数字数据处理）类别专利数量排第一位，共有 8346 件，占比为 20.47%。其次是 G06N（基于特定计算模型的计算机系统）类别，专利数量为 5443 件，占比为 13.35%。G06T（一般的图像数据处理或产生，3535 件，8.67%）、G06K（数据识别等，3214 件，7.88%）、G01L（语音分析或合成、语音识别等，2466 件，6.05%）、G06Q（专门的数据处理系统或方法，2307 件，5.66%）4 个类别专利数量也相对较多，占比均超过 5%。进一步从技术大组来看，G06N3（基于生物学模型的计算机系统）大组的专利数量最多，共有 3473 件，占比为 8.52%。此外，G06K9（用于阅读或识别印刷或书写字符或者用于识别图形）、G06F3（用于将所要处理的数据转变成为计算机能够处理的形式的输入装置等）、G06F17（特别适用于特定功能的数字计算设备或数据处理设备或数据处理方法）大组的专利申请量的比重也超过 5%。总的来看，G06F 小类和 G06N3 大组技术创新表现最为凸显。

（3）计算机、通信和其他电子设备制造业专利申请量占比超半数

从国民经济行业分类来看，美国计算机、通信和其他电子设备制造业专利申请量最多，共有 23159 件，占比超过半数，

此外,仪器仪表制造业(3827件,9.38%)、电信、广播电视和卫星传输服务(3728件,9.14%)、文教、工美、体育和娱乐用品制造业(3389件,8.31%)3大行业专利数量占比也超过了5%。总的来看,与全球表现趋同,美国计算机、通信和其他电子设备制造业在人工智能领域中占据着重要地位。

(4)国际商业机器公司领先,企业是推动技术创新的重要力量

从第一申请机构来看,国际商业机器公司、谷歌有限责任公司在人工智能专利申请方面表现相当,申请量分别为2763件、2727件,占美国的比重均在6.6%左右。微软技术授权许可有限责任公司紧随其后,申请量为2498件,占比为6.13%。此外,英特尔公司、奇跃公司、高通公司、苹果公司、脸书公司、福特全球技术公司6家企业依次进入申请量前十的行列。总的来看,国际商业机器公司技术领先,企业是推动人工智能技术创新的重要力量。

3. 日本

(1)境外申请量占比超过51%

从技术市场来看,日本在25个国家(地区)申请了人工智能专利,其中,在本国申请的专利数量共有7989件,占比为48.22%,在境外申请的专利数量占比为51.78%。从境外市场来看,在美国申请的专利数量最多,共有2809件,占比为16.96%。其次是通过世界知识产权组织申请的境外专利数量,共有2291件,占比为13.83%,在中国申请的专利数量(1835件,11.08%)占比也超过了10%(见表1-11)。可见,境外市场是日本发展人工智能技术的重要市场,其中又以美国市场最为突出。

(2)G06T小类和G06T7大组技术创新表现最为抢眼

从技术小类来看,日本人工智能G06T(一般的图像数据处理或产生)类别专利数量最多,共有1701件,占比为10.27%。

G10L（语音分析或合成；语音识别等）类别专利数量与G06T类别相当，共有1669件，占比为10.07%。此外，G06F（电数字数据处理，1586件，9.57%）、G06N（基于特定计算模型的计算机系统，1237件，7.47%）、B60W（不同类型或不同功能的车辆子系统的联合控制等，1143件，6.90%）、H04N（图像通信，1014件，6.12%）、G08G（交通控制系统，896件，5.41%）5个类别专利数量也较多，占比均在5%以上。进一步从技术大组来看，G06T7（图像分析）大组专利数量最多，共有1139件，占比为6.88%。G10L15（语音识别）大组专利数量排第二位，共有1101件，占比为6.65%。除此之外，G08G1（道路车辆的交通控制系统）大组的专利申请量的比重也在5%以上。总的来看，G06T小类和G06T7大组技术创新表现最为抢眼。

表1-11 2016—2020年第一季度日本人工智能技术市场分布

排名	专利公开国别/地区	专利数量（件）	占比（%）
1	日本	7989	48.22
2	美国	2809	16.96
3	世界知识产权组织	2291	13.83
4	中国	1835	11.08
5	欧洲专利局（EPO）	758	4.58
6	德国	320	1.93
7	韩国	237	1.43
8	中国台湾	89	0.54
9	印度	63	0.38
10	英国	62	0.37

（3）计算机、通信和其他电子设备制造业申请量占比近40%

从国民经济行业分类来看，日本计算机、通信和其他电子设备制造业专利申请量最多，共有6036件，占比为36.43%。文教、工美、体育和娱乐用品制造业（2094件，12.64%），仪器仪表制造业（2073件，12.51%）专利申请量分别排在第二位、第三位，占比均超过了12%。此外，汽车制造业（1641件，9.91%），电信、广播电视和卫星传输服务（1315件，7.94%），电气机械和器材制造业（1272件，7.68%）3大行业专利数量也相对较多，占比均超过了5%。总的来看，计算机、通信和其他电子设备制造业也是日本人工智能专利布局最多的行业。

（4）丰田自动车株式会社表现最为突出

从第一申请机构来看，丰田自动车株式会社与发那科株式会社专利申请量较为相当，分别为929件、928件，位列日本申请量的第一、第二，占比在5.60%左右。索尼公司和本田技研工业株式会社的申请量均超过700件，分别为785件、743件，占比分别为4.74%、4.48%。与此同时，三菱电机株式会社、佳能株式会社、富士通株式会社、电装株式会社、日本电气株式会社、松下知识产权管理有限公司也进入日本申请量前十行列。整体来看，与美国相似，日本人工智能技术表现突出的均是企业。

4. 韩国

（1）本国申请量占比超六成

从技术市场来看，韩国在24个国家（地区）申请了人工智能专利，其中，在本国申请的专利数量有8898件，占比为62.41%，在境外申请的专利数量占比为37.59%。从境外市场来看，在美国申请的专利数量最多，共有2163件，占比为15.17%。其次是通过世界知识产权组织申请的境外专利数量，共有1464件，占比为10.27%，在中国申请的专利数量（748件，5.25%）占比也超过了5%（见表1-12）。由此可见，韩国在本国申请的专利数量超六成，而美国是重要的境外市场。

表1-12　2016—2020年第一季度韩国人工智能技术市场分布

排名	专利公开国别/地区	专利数量（件）	占比（%）
1	韩国	8898	62.41
2	美国	2163	15.17
3	世界知识产权组织	1464	10.27
4	中国	748	5.25
5	欧洲专利局（EPO）	514	3.60
6	日本	217	1.52
7	印度	114	0.80
8	中国台湾	46	0.32
9	德国	35	0.25
10	英国	15	0.11

（2）G06F小类和G06K9大组是重要的技术热点

从技术小类来看，韩国人工智能G06F（电数字数据处理）类别专利数量最多，共有1836件，占比为12.88%。G06Q（专门的数据处理系统或方法等）类别专利数量排在第二位，共有1603件，占比为11.24%。此外，G10L（语音分析或合成、语音识别等，1330件，9.33%）、G06K（数据识别等，1201件，8.42%）、G06N（基于特定计算模型的计算机系统，981件，6.88%）、H04N（图像通信，922件，6.47%）、G06T（一般的图像数据处理或产生，909件，6.38%）5个类别专利数量也较多，占比均超过5%。进一步从技术大组来看，G06K9（用于阅读或识别印刷或书写字符或者用于识别图形）大组专利数量最多，共有1162件，占比为8.15%。G10L15（语音识别）大组专利数量排第二位，共有1032件，占比为7.24%。除此之外，G06Q50（特别适用于特定商业领域的系统或方法）、G06F3

（用于将所要处理的数据转变成为计算机能够处理的形式的输入装置等）、G06N3（基于生物学模型的计算机系统）大组的专利申请量的比重也在5%以上。整体而言，G06F小类和G06K9大组是重要的技术热点。

（3）计算机、通信和其他电子设备制造业专利数量超四成

从国民经济行业分类来看，韩国计算机、通信和其他电子设备制造业专利申请量最多，共有6684件，占比为46.88%。文教、工美、体育和娱乐用品制造业（1846件，12.95%），电信、广播电视和卫星传输服务（1598件，11.21%），仪器仪表制造业（1190件，8.35%）专利申请量分别排在第二、第三、第四位，占比均超过5%。总的来看，韩国计算机、通信和其他电子设备制造业专利数量超四成，文教、工美、体育和娱乐用品制造业，电信、广播电视和卫星传输服务专利数量均超一成。

（4）三星电子株式会社是技术发展的"领头羊"

从第一申请机构来看，三星电子株式会社是韩国人工智能技术发展的"领头羊"，专利申请量为3175件，占韩国申请总量的22.27%，紧随其后的是LG电子株式会社，专利申请量共有1646件，约为三星电子株式会社的二分之一，占比为11.54%。除此之外，韩国电子通信研究院、现代自动车株式会社、韩国科学技术院、BIZMODELINE公司、乐金显示有限公司、SK电讯有限公司、韩国电信公司、韩国电子部品研究院8家机构均进入申请量前十的行列。可以看到，三星电子株式会社和LG电子株式会社的申请量之和占韩国申请总量的比重超过三成，机构集中度相对较高。值得一提的是，三星电子株式会社不仅占据了韩国人工智能技术发展的领先地位，更在全球的人工智能技术布局中拔得头筹，是推动人工智能技术进步的重要引领者。

（三）重点领域动向

为进一步了解人工智能细分领域的技术发展情况，本节对

机器学习、计算机视觉、生物特征识别、自然语言处理、智能驾驶五大重点技术分支进行深入分析。2016—2020年第一季度，全球机器学习、计算机视觉、生物特征识别、自然语言处理、智能驾驶技术专利申请量分别为99844件、38064件、24763件、23963件、15942件，占比分别为43.09%、16.43%、10.69%、10.34%、6.88%（见图1-4）。可以看到，机器学习作为人工智能领域的技术基础，专利申请量占比超过四成。计算机视觉、生物特征识别和自然语言处理专利申请量均超10%。作为应用层最具代表性的领域之一，智能驾驶技术专利申请量占比则相对偏低。

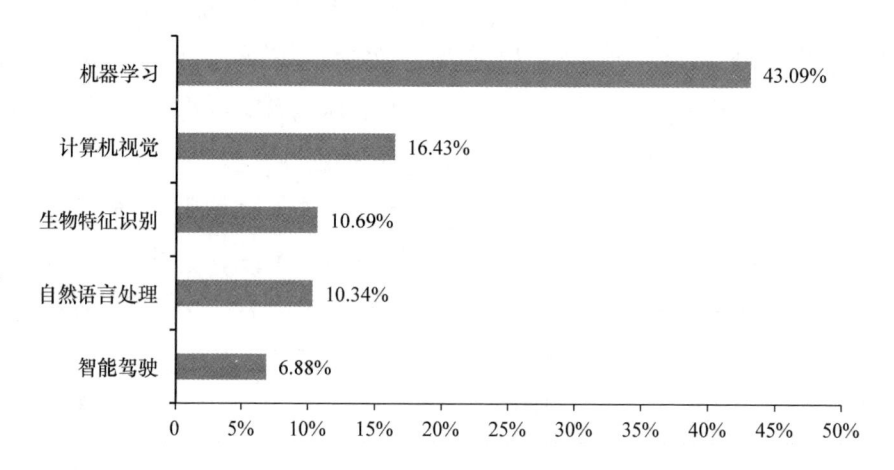

图1-4 2016—2020年第一季度全球人工智能重点技术分支发明专利数量占比

1. 机器学习

（1）中国是主要的技术市场

从技术市场来看，机器学习领域的专利在中国申请的数量为63752件，占比超过六成，为63.85%。其次，在美国申请的数量为13567件，占比为13.59%。最后，通过世界知识产权组织申请的专利数量为7755件，占比也超过了5%（见表1-13）。整体上看，中国是全球机器学习主要的技术市场。

表1-13　2016—2020年第一季度全球机器学习技术市场分布

排名	专利公开国别/地区	专利数量（件）	占比（%）
1	中国	63752	63.85
2	美国	13567	13.59
3	世界知识产权组织	7755	7.77
4	日本	3256	3.26
5	欧洲专利局（EPO）	2942	2.95
6	韩国	2937	2.94
7	印度	1381	1.38
8	德国	852	0.85
9	中国台湾	647	0.65
10	英国	642	0.64

（2）G06K9大组的技术创新表现最为突出

从技术分类来看，机器学习领域中，G06K9（用于阅读或识别印刷或书写字符或者用于识别图形）大组的专利数量最多，共有17074件，占比接近两成，为17.10%。除此之外，G06N3（基于生物学模型的计算机系统，9878件，9.89%）、G06F17（特别适用于特定功能的数字计算设备或数据处理设备或数据处理方法，6094件，6.10%）、G06T7（图像分析，5098件，5.11%）三大组的专利数量也相对较多，占比均在5%以上。总的来看，当前机器学习主要应用在识别技术方向。

（3）中国申请量超六成

从主要国家（地区）来看，机器学习领域专利申请量排在第一位的是中国，专利数量为63733件，占全球的比重超过六成，为63.83%。美国排在第二位，专利申请量共有17823件，占比为17.85%。此外，日本机器学习领域的专利数量有5096件，占比为5.10%（见图1-5）。总的来看，中国是机器学习领域布局的主要国家。

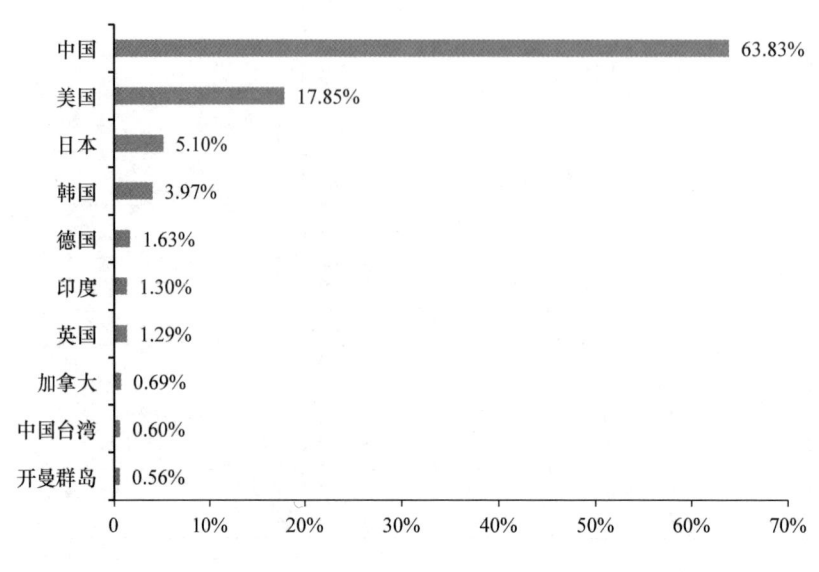

国家/地区	占比
中国	63.83%
美国	17.85%
日本	5.10%
韩国	3.97%
德国	1.63%
印度	1.30%
英国	1.29%
加拿大	0.69%
中国台湾	0.60%
开曼群岛	0.56%

图1-5 2016—2020年第一季度全球机器学习专利申请量前十的国家（地区）

（4）谷歌有限责任公司申请量居首位

从申请量排名前十的第一申请机构来看，中国和美国各有4家上榜，韩国和日本各有1家。具体来看，申请量排在前三位的分别是谷歌有限责任公司（1479件，1.48%）、国际商业机器公司（1326件，1.33%）、三星电子株式会社（1168件，1.17%）。与此同时，申请量排在前十位的机构还有美国的微软技术授权许可有限责任公司和英特尔公司，中国的平安科技（深圳）有限公司、电子科技大学、腾讯科技（深圳）有限公司、天津大学，日本的发那科株式会社。可见，机器学习领域技术创新态势表现突出的机构中，谷歌有限责任公司居首位，中国和美国上榜的机构数量最多。

2. 计算机视觉

（1）在中国申请的专利数量超半数

从技术市场来看，全球超半数的计算机视觉专利都在中国申请,占比为56.51%,其次,在美国申请的专利数量为4850件,占比为12.74%。此外,通过世界知识产权组织申请的专利和在日本申请的专利数量也相对较多,分别有2891件和2855件,占比分别为7.60%和7.50%(见表1-14)。可以看到,中国是全球计算机视觉主要的技术市场。

表1-14 2016—2020年第一季度全球计算机视觉技术市场分布

排名	专利公开国别/地区	专利数量(件)	占比(%)
1	中国	21509	56.51
2	美国	4850	12.74
3	世界知识产权组织	2891	7.60
4	日本	2855	7.50
5	韩国	1841	4.84
6	欧洲专利局(EPO)	1478	3.88
7	印度	603	1.58
8	德国	389	1.02
9	中国台湾	349	0.92
10	澳大利亚	222	0.58

(2)技术进步体现在G06K9、G06T7、G06F3领域

从技术分类来看,计算机视觉领域G06K9(用于阅读或识别印刷或书写字符或者用于识别图形)大组的专利数量共有8717件,占比为22.90%。其次是G06T7(图像分析)大组的专利数量,有5247件,占比为13.78%。除此之外,G06F3(用于将所要处理的数据转变成为计算机能够处理的形式的输入装置,2249件)大组的专利数量也相对较多,占比为5.91%。总的来看,当前计算机视觉技术进步方向更多体现在图像识别、图像分析领域。

(3) 中国申请量占比超五成

从主要国家（地区）来看，计算机视觉领域中，中国申请的专利数量最多，为21490件，占比为56.46%，比美国（5675件，14.91%）高出41.55个百分点，比日本（4298件，11.29%）高出45.17个百分点。排在第四位的是韩国，共有2221件，占比为5.83%（见图1-6）。总体而言，计算机视觉领域的专利主要集中在中、美、日、韩四国，四国专利之和占比就高达88.49%，其中又以中国最为突出。

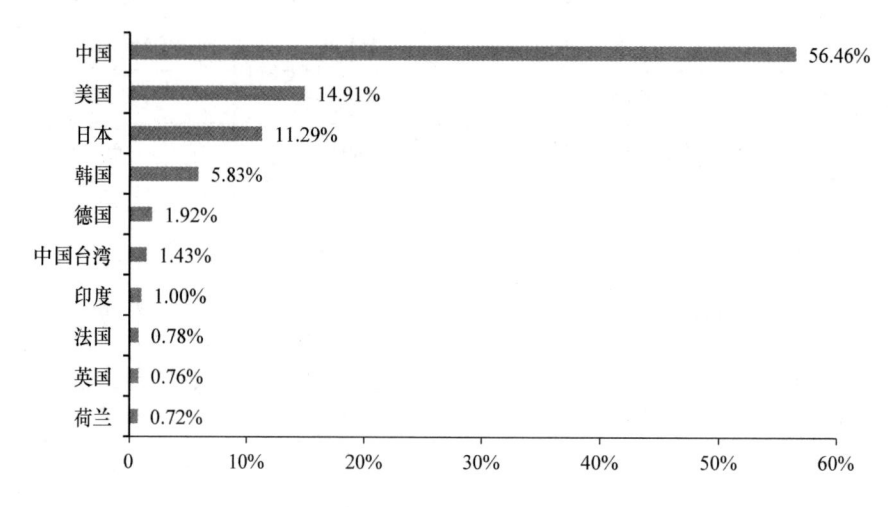

国家（地区）	占比
中国	56.46%
美国	14.91%
日本	11.29%
韩国	5.83%
德国	1.92%
中国台湾	1.43%
印度	1.00%
法国	0.78%
英国	0.76%
荷兰	0.72%

图1-6 2016—2020年第一季度全球计算机视觉专利申请量前十的国家（地区）

(4) 三星电子株式会社位居榜首

从申请量全球排名前十的第一申请机构来看，美国上榜机构数量最多，共有4家，中国和日本各有2家，韩国和开曼群岛各有1家。具体来看，排在全球第一位的是来自韩国的三星电子株式会社（461件，1.21%），排在第二位、第三位的分别是来自中国的腾讯科技（深圳）有限公司（326件，0.86%）和日本的佳能株式会社（302件，0.79%）。此外，美国的微软技术授权许可有限责任公司、高通公司、谷歌有限责任公司、英特尔公司，开曼群岛的阿里巴巴集团控股有限公司，中国的电子科技大学，日本的索尼公司，均进入前十行列。由此可见，全球计算机视觉技术创新态势表现亮眼的机构中，来自美国的数量最多，韩国的三星电子株式会社位居专利申请量榜首。

3. 生物特征识别

（1）中国是最重要的技术市场

从技术市场来看，超过七成的生物特征识别专利都在中国申请，专利数量达到17370件，占比为70.14%。其次，在美国申请的专利数量为1963件，占比为7.93%。此外，通过世界知识产权组织申请的专利（1772件，7.16%）和在韩国申请的专利数量（1275件，5.15%）占比也都超过了5%（见表1-15）。总的来看，中国是最重要的生物特征识别技术市场。

表1-15　2016—2020年第一季度全球生物特征识别技术市场分布

排名	专利公开国别/地区	专利数量（件）	占比（%）
1	中国	17370	70.14
2	美国	1963	7.93
3	世界知识产权组织	1772	7.16
4	韩国	1275	5.15
5	欧洲专利局（EPO）	625	2.52
6	日本	442	1.78
7	印度	424	1.71
8	中国台湾	271	1.09
9	澳大利亚	94	0.38
10	英国	85	0.34

（2）G06K9大组技术创新最为活跃

从技术分类来看，G06K9（用于阅读或识别印刷或书写字符或者用于识别图形）大组专利数量最为集中，共9278件，占比为37.47%，远远超过其他组别。此外，占比超过5%的还有G06F21（防止未授权行为的保护计算机、其部件、程序或数据的安全装置，6.74%）、G07C9（独个输入口或输出口登记器，6.04%）技术大组，分别有1668件、1495件。可以看到，生物特征识别技术主要应用在与生物特征有关的图像识别领域，如指纹识别等。

（3）中国申请量接近八成

从主要国家（地区）来看，中国在生物特征识别领域的专利申请量共有19486件，占比高达78.69%，分别高出美国（1629件，6.58%）72.11个百分点，韩国（1591件，6.42%）72.27个百分点，远远超过其他国家（见图1-7）。可以看出，中国在生物特征识别领域的专利申请量接近八成，在数量上占据了绝对优势。

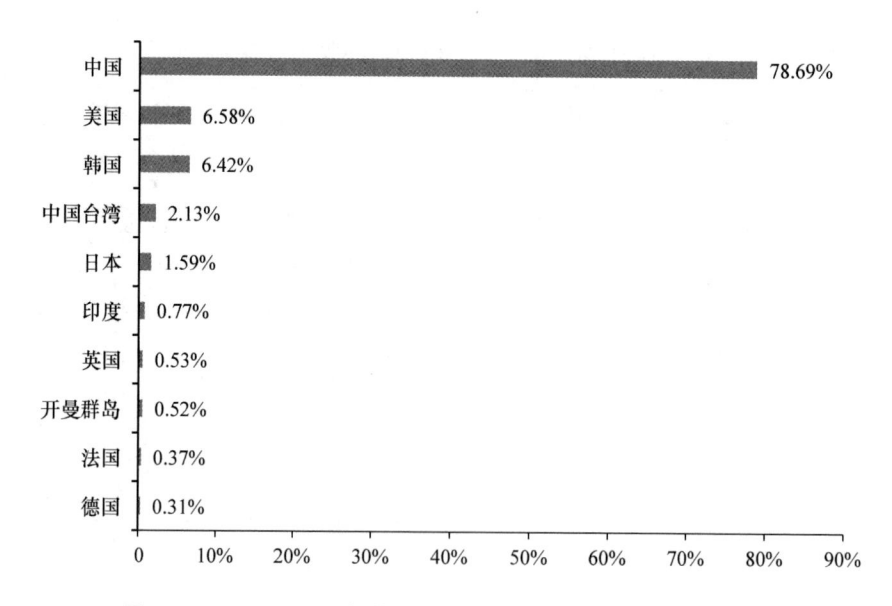

图1-7　2016—2020年第一季度全球生物特征识别专利申请量前十的国家（地区）

(4) 广东欧珀移动通信有限公司居首位

从第一申请机构来看,全球生物特征识别申请量排名前十的机构中,有9家都来自中国,1家来自韩国。排在第一位的是广东欧珀移动通信有限公司,专利数量为1165件,占全球的比重达4.70%。在此之后的是京东方科技集团股份有限公司,专利数量为616件,占比接近2.5%。位列第三、第四的分别是深圳市汇顶科技股份有限公司(538件)、韩国的三星电子株式会社(322件),占比分别为2.17%、1.30%。与此同时,维沃移动通信有限公司、北京小米移动软件有限公司、平安科技(深圳)有限公司、北京小米科技有限责任公司、华为技术有限公司、南昌欧菲生物识别技术有限公司6家机构均进入全球申请量前十的行列。

4. 自然语言处理

(1) 在中国申请的专利数量占比近50%

从技术市场来看,自然语言处理领域的专利在中国申请的数量最多,共有11756件,占比为49.06%。在美国申请的专利数量排在第二位,为4381件,占比为18.28%。与此同时,在日本(2066件,8.62%)、韩国(1623件,6.77%)申请的专利和通过世界知识产权组织(1801件,7.52%)申请的专利数量占比也都超过了5%(见表1-16)。总的来看,中国是全球自然语言处理重要的技术市场。

表1-16 2016—2020年第一季度全球自然语言处理技术市场分布

排名	专利公开国别/地区	专利数量(件)	占比(%)
1	中国	11756	49.06
2	美国	4381	18.28
3	日本	2066	8.62
4	世界知识产权组织	1801	7.52
5	韩国	1623	6.77

续表

排名	专利公开国别/地区	专利数量（件）	占比（%）
6	欧洲专利局（EPO）	860	3.59
7	印度	443	1.85
8	英国	206	0.86
9	德国	152	0.63
10	澳大利亚	134	0.56

（2）G10L15 领域是主要的技术进步方向

从技术分类来看，G10L15（语音识别）大组的专利数量最多，为6816件，占比超过两成，为28.44%。G06F17（特别适用于特定功能的数字计算设备或数据处理设备或数据处理方法，3443件）大组的专利数量占比也超过一成，达到14.37%。可见，当前自然语言处理技术发展最主要的方向是语音识别。

（3）中国申请量占比近五成

从主要国家（地区）来看，中国自然语言处理技术专利数量排在第一位，共有11764件，占比为49.09%，比排在第二位的美国（5208件，21.73%）高出27.36个百分点。其次，日本和韩国的申请量占比均在10%左右，专利申请量分别为2700件和2345件（见图1-8）。总的来看，中、美、日、韩四国的专利之和就高达91.88%，是自然语言处理技术布局的主要国家，其中，中国占了近五成。

（4）国际商业机器公司表现最为出色

从申请量全球排名前十的第一申请机构来看，美国上榜机构数量最多，共有4家，其次是中国，共有3家，韩国和日本分别有2家和1家。具体来看，排在前三位的分别是国际商业机器公司（833件，3.48%）、三星电子株式会社（736件，3.07%）、谷歌有限责任公司（549件，2.29%）。美国的微软技术授权许可有限责任公司、苹果公司，中国的百度在线网络

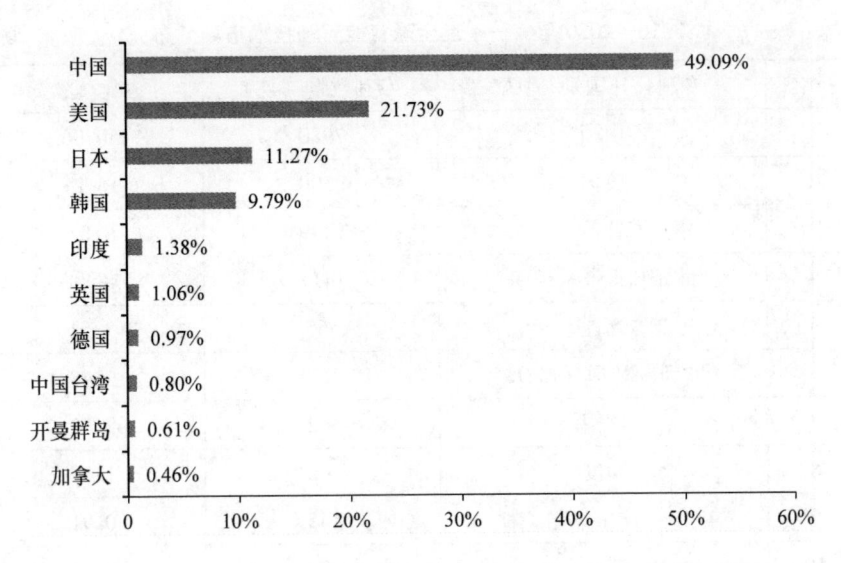

```
中国         49.09%
美国     21.73%
日本   11.27%
韩国   9.79%
印度  1.38%
英国  1.06%
德国  0.97%
中国台湾 0.80%
开曼群岛 0.61%
加拿大  0.46%
     0    10%   20%   30%   40%   50%   60%
```

图1-8 2016—2020年第一季度全球自然语言处理专利申请量前十的国家（地区）

技术（北京）有限公司、平安科技（深圳）有限公司和腾讯科技（深圳）有限公司，韩国LG电子株式会社和日本的索尼公司7家机构的创新态势也较为活跃，专利申请量进入全球前十。可见，自然语言处理技术领域创新态势表现较好的机构中，来自美国的数量最多，其中，国际商业机器公司表现最为出色。

5. 智能驾驶

（1）在中国申请的专利数量超过五成

从技术市场来看，智能驾驶专利在中国申请的数量最多，为7980件，占比为50.06%。其次，在美国申请的数量为2590件，占比为16.25%。紧接着的是在日本申请的专利，共有1439件，占比为9.03%。此外，通过世界知识产权组织申请的专利数量为1417件，与日本相当，占比为8.89%（见表1-17）。总体而言，中、美、日三国是主要的技术市场，其中，在中国申请的专利数量超过五成。

表1-17　　2016—2020年第一季度全球智能驾驶技术市场分布

排名	专利公开国别/地区	专利数量（件）	占比（%）
1	中国	7980	50.06
2	美国	2590	16.25
3	日本	1439	9.03
4	世界知识产权组织	1417	8.89
5	韩国	565	3.54
6	欧洲专利局（EPO）	555	3.48
7	德国	402	2.52
8	印度	202	1.27
9	加拿大	145	0.91
10	英国	129	0.81

（2）G05D1大组是最主要的技术热点

从技术分类来看，智能驾驶领域G05D1（陆地、水上、空中或太空中的运载工具的位置、航道、高度或姿态的控制）大组专利申请量最多，共有2502件，占比为15.69%。其次是G08G1（道路车辆的交通控制系统，1285件，8.06%）、B60W30（不与某一特定子系统的控相关联的道路车辆驾驶控制系统的使用，1271件，7.97%）、B60W50（不与某一特定子系统的控制相关联的道路车辆驾驶控制的控制系统的零部件，828件，5.19%），占比均超过5%。可见，运载工具位置、航道、高度或姿态控制是智能驾驶最主要的技术热点。

（3）中国申请量占比接近45%

从主要国家（地区）来看，中国智能驾驶领域的专利申请量最多，共有7159件，占比为44.91%。日本和美国的专利申请量相当，分别有3180件和2738件，占比均接近20%，分别为19.95%和17.17%。除此之外，德国在该领域的专利数量有889件，占比超过了5%，为5.58%（见图1-9）。总的来看，中、日、美三国的专利数量之和的占比高达82.03%，是主要的技术布局国家。

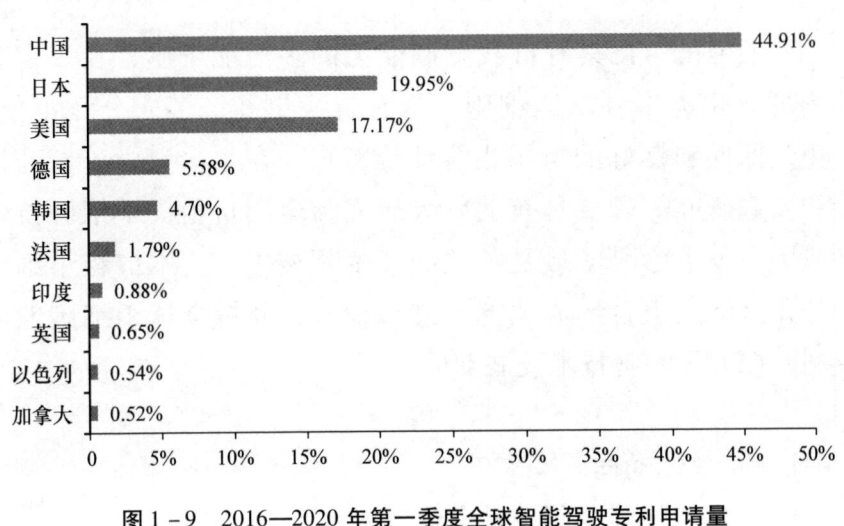

```
中国       44.91%
日本       19.95%
美国       17.17%
德国        5.58%
韩国        4.70%
法国        1.79%
印度        0.88%
英国        0.65%
以色列      0.54%
加拿大      0.52%
```

图1-9　2016—2020年第一季度全球智能驾驶专利申请量前十的国家（地区）

（4）本田技研工业株式会社位列第一

从全球申请量排名前十的第一申请机构来看，日本上榜机构数量最多，共有4家，其次是美国，共有3家，中国和德国分别有2家和1家。具体来看，申请量排在前四位的机构中，就有3家是日本企业，分别是本田技研工业株式会社（523件，3.28%）、丰田自动车株式会社（505件，3.17%）、电装株式会社（230件，1.44%）。中国的百度在线网络技术（北京）有限公司排在第三位，共有453件，占智能驾驶领域申请总量的2.84%。此外，中国的北京百度网讯科技，美国的沃尔玛阿波罗有限责任公司、百度（美国）有限责任公司、国际商业机器公司，德国的罗伯特·博世有限公司，日本的日产自动车株式会社6家机构进入前十行列。整体来看，智能驾驶领域中，日本的机构排名更加靠前，本田技研工业株式会社排在第一位。

三 干细胞技术

干细胞是一类具有自我复制能力的多潜能细胞,在一定条件下可分化为多种功能细胞,具有自我更新、多向分化潜能、低免疫原性和良好的组织相溶性等特点,在生命科学、新药试验和疾病研究等领域具有的巨大研究与应用价值。干细胞技术已成为当今生命科学最受关注的技术领域之一。本节将干细胞和分化潜能相组合形成关键词进行检索,分析全球干细胞领域专利,探究干细胞技术发展动向。

(一) 总体动向

1. 干细胞培养与制备是全球发展重点

2016—2020年第一季度,全球共有干细胞发明专利申请22781件[①]。从技术类别来看,全球干细胞发明专利申请中C12N(干细胞培养与制备)专利9940件,占比达到43.63%,A61K(基于干细胞的医用配置品)专利7024件,占30.83%(见表1-18)。进入专利申请数量前十位的其他类别依次为A61L(基于干细胞的医用材料)、C07K(肽在促进干细胞分化方面的应用)、G01N(与干细胞相关的分析鉴定方法)、C12Q(干细胞检测方法)、A01N(干细胞的冻存)、C12M(干细胞提取、储存、检测装置)、C07D(杂环化合物在干细胞制剂中的运用)、A01K(通过细胞技术获得新个体的方法)。干细胞培养与制备发明专利申请量占四成以上,可见,干细胞培养与制备是全球干细胞技术发展的重点。

进一步从IPC大组来看,C12N5(干细胞的分离、培养、制备以及关于干细胞的分化方法)领域专利数量居首位,占比达

---

① 利用incoPat数据库进行检索,检索时间:2020年5月。

到 38.14%；位居第二的是 A61K35（含有不明结构的原材料或其反应产物的细胞制剂）领域，占 13.42%；居于第三位的是 A61K31（含有机有效成分的细胞制剂）领域，占 5.19%（见表 1-19）。除此之外，C12N15（干细胞特定基因表达调控及与干细胞有关的基因编辑方法）、A61L27（干细胞在组织工程材料中的应用）、A61K8（干细胞或其外泌体在化妆品领域的应用）、A61K38（含肽的细胞制剂）、G01N33（与干细胞相关的分析鉴定方法）、C12Q1（干细胞检测方法）、A01N1（干细胞的冻存液及冻存方法）领域也依次进入专利申请数量前十位。

表 1-18　2016—2020 年第一季度全球干细胞发明专利申请数量排名前十的类别

序号	IPC主分类号	与干细胞有关技术内容	专利数量（件）	占比（%）
1	C12N	干细胞培养与制备	9940	43.63
2	A61K	基于干细胞的医用配置品	7024	30.83
3	A61L	基于干细胞的医用材料	866	3.80
4	C07K	肽在促进干细胞分化方面的应用	751	3.30
5	G01N	与干细胞相关的分析鉴定方法	628	2.76
6	C12Q	干细胞检测方法	528	2.32
7	A01N	干细胞的冻存	478	2.10
8	C12M	干细胞提取、储存、检测装置	446	1.96
9	C07D	杂环化合物在干细胞制剂中的运用	314	1.38
10	A01K	通过细胞技术获得新个体的方法	180	0.79

2. 中国是干细胞技术布局的重点区域

专利公开国别反映了技术主体期待以及专利权对区域市场进行控制的意愿。从专利公开国别/地区来看，中国公开的专利数量 6160 件，居于首位，占全球的 27.04%；其次是美国，占 16.00%；再次是世界知识产权组织，占 11.61%（见表 1-20）。

进入前十位的其他专利公开国别/地区依次为日本、韩国、欧洲专利局、澳大利亚、加拿大、印度和以色列。由此可见，中国是干细胞技术布局的重点区域。

表1-19　2016—2020年第一季度全球干细胞发明专利申请数量排名前十的领域（大组）

序号	IPC主分类号	与干细胞有关技术内容	专利数量（件）	占比（%）
1	C12N5	干细胞的分离、培养、制备以及关于干细胞的分化方法	8689	38.14
2	A61K35	含有不明结构的原材料或其反应产物的细胞制剂	3058	13.42
3	A61K31	含有机有效成分的细胞制剂	1183	5.19
4	C12N15	干细胞特定基因表达调控及与干细胞有关的基因编辑方法	821	3.60
5	A61L27	干细胞在组织工程材料中的应用	773	3.39
6	A61K8	干细胞或其外泌体在化妆品领域的应用	711	3.12
7	A61K38	含肽的细胞制剂	587	2.58
8	G01N33	与干细胞相关的分析鉴定方法	546	2.40
9	C12Q1	干细胞检测方法	517	2.27
10	A01N1	干细胞的冻存液及冻存方法	360	1.58

表1-20　2016—2020年第一季度全球干细胞发明专利数量排名前十的专利公开国别/地区

序号	专利公开国别/地区	专利数量（件）	占比（%）
1	中国	6160	27.04
2	美国	3645	16.00
3	世界知识产权组织	2644	11.61
4	日本	2178	9.56
5	韩国	1837	8.06

续表

序号	专利公开国别/地区	专利数量（件）	占比（%）
6	欧洲专利局	1810	7.95
7	澳大利亚	780	3.42
8	加拿大	598	2.62
9	印度	465	2.04
10	以色列	376	1.65

3. 广州赛莱拉专利申请数量位居第一

从第一申请机构来看，广州赛莱拉干细胞科技股份有限公司以375件专利申请量位列第一，占全球的1.65%；其次依次是詹森生物科技公司、京都大学和加利福尼亚大学董事会，分别占全球的1.30%、1.29%和1.25%（见表1-21）。此外，纪念斯隆-凯特琳癌症中心、新加坡科技研究局、人类起源公司、福瑞德·哈金森癌症研究中心、延世大学校产学协力团和斯坦福大学托管委员会的专利申请量依次进入前十位。

表1-21　　2016—2020年第一季度全球干细胞发明专利
申请数量排名前十的申请机构

序号	第一申请机构	专利数量（件）	占比（%）	所在国家
1	广州赛莱拉干细胞科技股份有限公司	375	1.65	中国
2	JANSSEN BIOTECH INC（詹森生物科技公司）	296	1.30	美国
3	KYOTO UNIVERSITY（京都大学）	293	1.29	日本
4	THE REGENTS OF THE UNIVERSITY OF CALIFORNIA（加利福尼亚大学董事会）	284	1.25	美国
5	MEMORIAL SLOAN-KETTERING CANCER CENTER（纪念斯隆-凯特琳癌症中心）	144	0.63	美国

续表

序号	第一申请机构	专利数量（件）	占比（%）	所在国家
6	AGENCY FOR SCIENCE TECHNOLOGY AND RESEARCH（新加坡科技研究局）	134	0.59	新加坡
7	ANTHROGENESIS CORP（人类起源公司）	129	0.57	美国
8	FRED HUTCHINSON CANCER RESEARCH CENTER（福瑞德·哈金森癌症研究中心）	110	0.48	美国
9	INDUSTRY ACADEMIC COOPERATION FOUNDATION YONSEI UNIVERSITY（延世大学校产学协力团）	103	0.45	韩国
10	THE BOARD OF TRUSTEES OF THE LELAND STANFORD JUNIOR UNIVERSITY（斯坦福大学托管委员会）	100	0.44	美国

（二）主要国家动向

从专利申请者归属国家（地区）来看，美国申请专利数量最多，达到8089件，占全球的35.51%；其次是中国[①]5505件，占24.16%；再次是日本2532件，占11.11%（见图1-10）。进入前十位的其他国家（地区）依次为韩国、英国、澳大利亚、法国、中国台湾、德国和瑞士。

1. 美国

美国干细胞发明专利申请中C12N（干细胞培养与制备）专利3134件，占38.74%；A61K（基于干细胞的医用配置品）专利2842件，占35.13%。具体领域来看，C12N5（干细胞的分

---

① 本节中，中国指中国大陆。

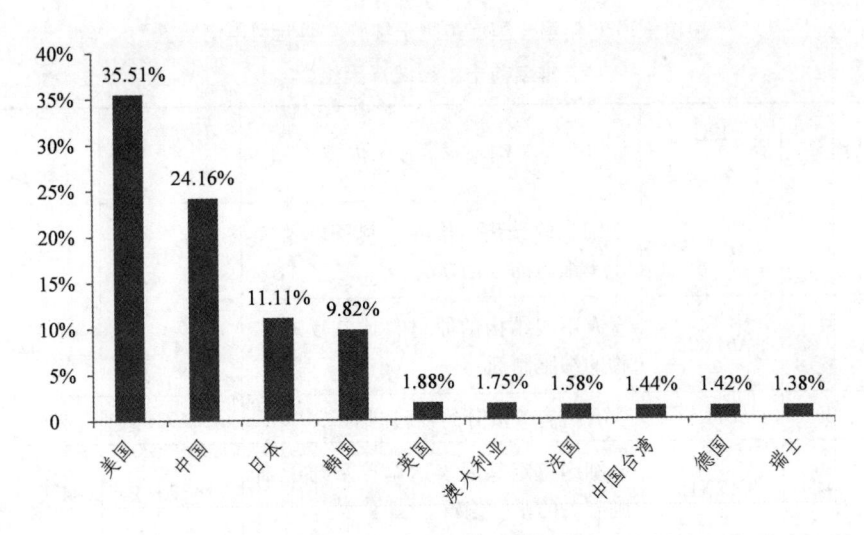

图 1-10 2016—2020 年第一季度干细胞发明专利申请数量
排名前十的国家（地区）占全球的比重

离、培养、制备以及关于干细胞的分化方法）领域专利数量达到 2611 件，占 32.28%；位居第二的是 A61K35（含有不明结构的原材料或其反应产物的细胞制剂）领域，占 17.94%；居于第三位的是 A61K31（含有机有效成分的细胞制剂）领域，占 6.09%（见表 1-22）。除此之外，C12N15（干细胞特定基因表达调控及与干细胞有关的基因编辑方法）、A61K38（含肽的细胞制剂）、A61L27（干细胞在组织工程材料中的应用）、G01N33（与干细胞相关的分析鉴定方法）、A61K39（含有抗原或抗体的细胞制剂）、C07K16（免疫球蛋白在促进干细胞分化方面的应用）、C12Q1（干细胞检测方法）领域也依次进入专利申请数量前十位。

从专利公开国别/地区来看，美国干细胞发明专利有 2152 件在美国公开，占 26.60%；分别有 13.28% 和 12.30% 在世界知识产权组织和日本公开；此外，欧洲专利局、澳大利亚、中国、加拿大、韩国、以色列及中国香港也是美国干细胞发明专利数量排名前十的专利公开国别/地区。

表1-22 2016—2020年第一季度美国干细胞发明专利申请数量排名前十的领域（大组）

序号	IPC主分类号	与干细胞有关技术内容	专利数量（件）	占比（%）
1	C12N5	干细胞的分离、培养、制备以及关于干细胞的分化方法	2611	32.28
2	A61K35	含有不明结构的原材料或其反应产物的细胞制剂	1451	17.94
3	A61K31	含有机有效成分的细胞制剂	493	6.09
4	C12N15	干细胞特定基因表达调控及与干细胞有关的基因编辑方法	325	4.02
5	A61K38	含肽的细胞制剂	223	2.76
6	A61L27	干细胞在组织工程材料中的应用	207	2.56
7	G01N33	与干细胞相关的分析鉴定方法	187	2.31
8	A61K39	含有抗原或抗体的细胞制剂	178	2.20
9	C07K16	免疫球蛋白在促进干细胞分化方面的应用	165	2.04
10	C12Q1	干细胞检测方法	141	1.74

从第一申请机构来看，詹森生物科技公司专利申请量296件，位列第一，占3.66%；其次是加利福尼亚大学董事会和纪念斯隆-凯特琳癌症中心，分别占3.51%和1.78%。此外，人类起源公司、福瑞德·哈金森癌症研究中心、斯坦福大学托管委员会、哈佛大学校长及研究员协会、CELULARITY公司、威斯康星校友研究基金会和FATE THERAPEUTICS公司的专利申请量也依次进入前十位。

2. 中国

中国干细胞发明专利申请中C12N（干细胞培养与制备）专利2437件，占44.27%；A61K（基于干细胞的医用配置品）专利1535件，占27.88%。具体领域来看，C12N5（干细胞的分离、培养、制备以及关于干细胞的分化方法）领域专利数量达到 2166 件，占 39.35%；位居第二的是 A61K8（干细胞或其外泌体在化妆品领域的应用），占 9.16%；居于第三位的是 A61K35（含有不明结构的原材料或其反应产物的细胞制剂）领域，占 7.36%（见表 1-23）。除此之外，A61L27（干细胞在组织工程材料中的应用）、A01N1（干细胞的冻存液及冻存方法）、C12N15（干细胞特定基因表达调控及与干细胞有关的基因编辑方法）、A61K31（含有机有效成分的细胞制剂）、A61K38（含肽的细胞制剂）、C12Q1（干细胞检测方法）、C12M3（干细胞培养装置）领域也依次进入专利申请数量前十位。

表 1-23　2016—2020 年第一季度中国干细胞发明专利申请数量排名前十的领域（大组）

序号	IPC 主分类号	与干细胞有关技术内容	专利数量（件）	占比（%）
1	C12N5	干细胞的分离、培养、制备以及关于干细胞的分化方法	2166	39.35
2	A61K8	干细胞或其外泌体在化妆品领域的应用	504	9.16
3	A61K35	含有不明结构的原材料或其反应产物的细胞制剂	405	7.36
4	A61L27	干细胞在组织工程材料中的应用	365	6.63
5	A01N1	干细胞的冻存液及冻存方法	249	4.52
6	C12N15	干细胞特定基因表达调控及与干细胞有关的基因编辑方法	239	4.34
7	A61K31	含有机有效成分的细胞制剂	175	3.18
8	A61K38	含肽的细胞制剂	153	2.78
9	C12Q1	干细胞检测方法	130	2.36
10	C12M3	干细胞培养装置	93	1.69

从专利公开国别/地区来看，中国干细胞发明专利有5110件在中国公开，占92.82%；分别有3.56%和1.49%在世界知识产权组织和美国公开。此外，欧洲专利局、日本、韩国、加拿大、中国香港、中国台湾及澳大利亚也是中国干细胞发明专利数量排名前十的专利公开国别/地区，但中国干细胞发明专利在这些国别/地区公开的数量均不足1%（见表1-24）。中国干细胞发明专利九成以上在本国公开，可见，中国干细胞发明专利主要在本国布局。

表1-24 2016—2020年第一季度中国干细胞发明专利数量排名前十的专利公开国别/地区

序号	专利公开国别/地区	专利数量（件）	占比（%）
1	中国	5110	92.82
2	世界知识产权组织	196	3.56
3	美国	82	1.49
4	欧洲专利局	40	0.73
5	日本	23	0.42
6	韩国	15	0.27
7	加拿大	9	0.16
8	中国香港	5	0.09
9	中国台湾	5	0.09
10	澳大利亚	4	0.07

从第一申请机构来看，广州赛莱拉干细胞科技股份有限公司专利申请量375件，位列第一，占6.81%；其次是浙江大学，占1.45%。此外，中山大学、中国科学院上海生命科学研究院、深圳爱生再生医学科技有限公司、中国科学院广州生物医药与健康研究院、南京千年健干细胞基因工程有限公司、安徽惠恩生物科技股份有限公司、广州润虹医药科技股份有限公司、华南生物医药研究院的专利申请量也依次进入前十位。

3. 日本

日本干细胞发明专利申请中C12N（干细胞培养与制备）专利1489件，占58.81%；A61K（基于干细胞的医用配置品）专利557件，占22.00%。具体领域来看，C12N5（干细胞的分离、培养、制备以及关于干细胞的分化方法）领域专利数量达到1339件，占52.88%；居于第二位的是A61K35（含有不明结构的原材料或其反应产物的细胞制剂）领域，占11.77%；居于第三位的是C12Q1（干细胞检测方法）领域，占4.23%（见表1-25）。除此之外，C12N15（干细胞特定基因表达调控及与干细胞有关的基因编辑方法）、A61K31（含有机有效成分的细胞制剂）、A61K45（含有其他有效成分的细胞制剂）、A61L27（干细胞在组织工程材料中的应用）、C12M3（干细胞培养装置）、G01N33（与干细胞相关的分析鉴定方法）、A61K38（含肽的细胞制剂）领域也依次进入专利申请数量前十位。

表1-25　2016—2020年第一季度日本干细胞发明专利申请数量排名前十的领域（大组）

序号	IPC主分类号	与干细胞有关技术内容	专利数量（件）	占比（%）
1	C12N5	干细胞的分离、培养、制备以及关于干细胞的分化方法	1339	52.88
2	A61K35	含有不明结构的原材料或其反应产物的细胞制剂	298	11.77
3	C12Q1	干细胞检测方法	107	4.23
4	C12N15	干细胞特定基因表达调控及与干细胞有关的基因编辑方法	97	3.83
5	A61K31	含有机有效成分的细胞制剂	87	3.44
6	A61K45	含有其他有效成分的细胞制剂	57	2.25
7	A61L27	干细胞在组织工程材料中的应用	53	2.09
8	C12M3	干细胞培养装置	52	2.05

续表

序号	IPC主分类号	与干细胞有关技术内容	专利数量（件）	占比（%）
9	G01N33	与干细胞相关的分析鉴定方法	50	1.97
10	A61K38	含肽的细胞制剂	39	1.54

从专利公开国别/地区来看，日本干细胞发明专利有788件在日本公开，占31.12%；分别有16.90%、14.02%和10.19%在世界知识产权组织、美国和欧洲专利局公开；在中国与韩国公开的专利占比也在5%以上。此外，加拿大、新加坡、澳大利亚与印度也是日本干细胞发明专利数量排名前十的专利公开国别/地区。

从第一申请机构来看，京都大学专利申请量293件，位列第一，占11.57%；其次是大阪大学和庆应大学，分别占3.91%和3.04%。此外，富士胶片公司、札幌医科大学、理化学研究所、名古屋大学、味之素株式会社、东京大学和住友制药株式会社的专利申请量也依次进入前十位。

4. 小结

总的来看，美国、中国、日本三个主要国家干细胞技术发展呈现以下特征。

（1）C12N5与A61K35是三国共同关注的热点领域

C12N5（干细胞的分离、培养、制备以及关于干细胞的分化方法）和A61K35（含有不明结构的原材料或其反应产物的细胞制剂）两个领域在美国、中国、日本三个国家干细胞发明专利申请量排名中均位于前三，是三个国家共同关注的热点领域。此外，美国干细胞发明专利申请还侧重于A61K31（含有机有效成分的细胞制剂）领域，中国侧重于A61K8（干细胞或其外泌体在化妆品领域的应用）领域，日本侧重于C12Q1（干细胞检测方法）领域。

(2) 中国干细胞技术以本国布局为主，美国、日本以国际布局为主

从专利的区域布局来看，中国干细胞发明专利申请主要以本国专利为主，占比达到92.82%，其他国家和地区专利占比均在5%以下。相比之下，美国干细胞发明专利申请中本国专利比重只有26.60%，世界知识产权组织、日本、欧洲专利局、澳大利亚、中国专利的比重在5%以上；日本干细胞发明专利申请中本国专利比重只有31.12%，世界知识产权组织、美国、欧洲专利局、中国、韩国专利的比重在5%以上。可见，中国干细胞技术以本国布局为主，而美国、日本以国际布局为主。

(3) 日本干细胞技术机构集中度高

从机构集中度来看，日本干细胞发明专利申请数量排名前十的第一申请机构专利申请数量占35.39%，相当于全球平均水平（8.64%）的四倍，也远高于美国（17.32%）和中国（13.48%）。可见，日本干细胞技术机构集中度高。申请量排名前十的机构占据三成以上的专利申请，对日本干细胞技术引领作用强。

(三) 重点领域动向

1. 胚胎干细胞

全球共有胚胎干细胞发明专利申请1505件，其中C12N（干细胞培养与制备）专利938件，占比达到62.33%；A61K（基于干细胞的医用配置品）专利242件，占16.08%。具体领域来看，C12N5（干细胞的分离、培养、制备以及关于干细胞的分化方法）领域专利数量达到805件，占比达到53.49%；其次分别是A61K35（含有不明结构的原材料或其反应产物的细胞制剂）和C12N15（干细胞特定基因表达调控及与干细胞有关的基因编辑方法）领域，占比分别达到9.63%和6.64%（见表1-26）。除此之外，A01K67（通过细胞技术获得新个体的方

法）、C12Q1（干细胞检测方法）、G01N33（与干细胞相关的分析鉴定方法）、A61K31（含有机有效成分的细胞制剂）、A61K39（含有抗原或抗体的细胞制剂）、C07K14（干细胞表面抗原的制备及应用或多肽在促进干细胞分化方面的应用）、A61L27（干细胞在组织工程材料中的应用）领域也依次进入专利申请数量前十位。

表1-26　2016—2020年第一季度全球胚胎干细胞发明专利申请数量排名前十的领域（大组）

序号	IPC主分类号	与干细胞有关技术内容	专利数量（件）	占比（%）
1	C12N5	干细胞的分离、培养、制备以及关于干细胞的分化方法	805	53.49
2	A61K35	含有不明结构的原材料或其反应产物的细胞制剂	145	9.63
3	C12N15	干细胞特定基因表达调控及与干细胞有关的基因编辑方法	100	6.64
4	A01K67	通过细胞技术获得新个体的方法	78	5.18
5	C12Q1	干细胞检测方法	32	2.13
6	G01N33	与干细胞相关的分析鉴定方法	32	2.13
7	A61K31	含有机有效成分的细胞制剂	23	1.53
8	A61K39	含有抗原或抗体的细胞制剂	22	1.46
9	C07K14	干细胞表面抗原的制备及应用或多肽在促进干细胞分化方面的应用	20	1.33
10	A61L27	干细胞在组织工程材料中的应用	17	1.13

从专利公开国别/地区来看，中国公开的专利数量298件，居于首位，占全球的19.80%；其次是美国和日本，分别占17.48%和13.29%。此外，进入前十位的其他专利公开国别/地区依次为世界知识产权组织、韩国、欧洲专利局、澳大利亚、

以色列、印度和加拿大。

从专利申请者归属国家（地区）来看，美国专利申请数量居首，达到765件，占50.83%；排名第二的是中国，专利申请数量251件，占16.68%；排名第三的是韩国，专利申请数量128件，占8.50%（见图1-11）。此外，日本的申请数量占比也在5%以上。进入前十位的其他国家（地区）依次为澳大利亚、以色列、英国、新加坡、瑞典和瑞士。

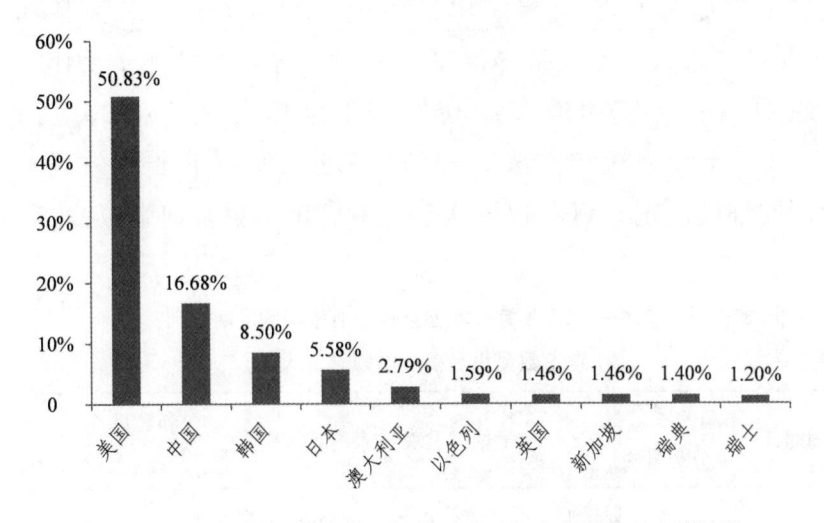

图1-11 2016—2020年第一季度胚胎干细胞发明专利申请数量排名前十的国家（地区）占全球的比重

从第一申请机构来看，詹森生物科技公司以100件专利申请量位列第一，占全球的6.64%；其次安斯泰来再生医学研究所、再生元制药公司和纪念斯隆-凯特琳癌症中心，分别占全球的3.32%、2.79%和2.06%。韦尔赛特公司、蒲川医科大学校产学协力团、BIOTIME、ABT HOLDING和加利福尼亚大学董事会的专利申请量占全球比重也在1%以上。

2. 造血干细胞

全球共有造血干细胞发明专利申请2224件，其中，C12N（干细胞培养与制备）专利869件，占39.07%；A61K（基于干细胞的医用配置品）专利851件，占38.26%。具体领域来看，C12N5（干细胞的分离、培养、制备以及关于干细胞的分化方法）领域专利705件，占31.70%；A61K35（含有不明结构的原材料或其反应产物的细胞制剂）领域，占14.93%。A61K31（含有机有效成分的细胞制剂）和C12N15（干细胞特定基因表达调控及与干细胞有关的基因编辑方法）两个领域所占比重也在5%以上（见表1-27）。除此之外，C07K16（免疫球蛋白在促进干细胞分化方面的应用）、A61K38（含肽的细胞制剂）、A61K39（含有抗原或抗体的细胞制剂）、C07K14（干细胞表面抗原的制备及应用或多肽在促进干细胞分化方面的应用）、C12Q1（干细胞检测方法）、A61K47（以所用的非有效成分为特征的细胞制剂）领域也依次进入专利申请数量前十位。

表1-27　2016—2020年第一季度全球造血干细胞发明专利申请数量排名前十的领域（大组）

序号	IPC主分类号	与干细胞有关技术内容	专利数量（件）	占比（%）
1	C12N5	干细胞的分离、培养、制备以及关于干细胞的分化方法	705	31.70
2	A61K35	含有不明结构的原材料或其反应产物的细胞制剂	332	14.93
3	A61K31	含有机有效成分的细胞制剂	195	8.77
4	C12N15	干细胞特定基因表达调控及与干细胞有关的基因编辑方法	134	6.03
5	C07K16	免疫球蛋白在促进干细胞分化方面的应用	83	3.73
6	A61K38	含肽的细胞制剂	80	3.60
7	A61K39	含有抗原或抗体的细胞制剂	69	3.10
8	C07K14	干细胞表面抗原的制备及应用或多肽在促进干细胞分化方面的应用	50	2.25

续表

序号	IPC主分类号	与干细胞有关技术内容	专利数量（件）	占比（%）
9	C12Q1	干细胞检测方法	39	1.75
10	A61K47	以所用的非有效成分为特征的细胞制剂	37	1.66

从专利公开国别/地区来看，中国公开的专利数量439件，居于首位，占全球的19.74%；其次是美国，占17.09%。此外，世界知识产权组织和欧洲专利局占比也在10%以上。进入前十位的其他专利公开国别/地区依次为日本、澳大利亚、韩国、加拿大、印度和以色列。

从专利申请者归属国家（地区）来看，美国专利申请数量居首，达到1202件，占54.05%；位居第二的是中国，占16.46%（见图1-12）。进入前十位的其他国家（地区）依次为日本、韩国、瑞士、法国、英国、澳大利亚、加拿大和德国。

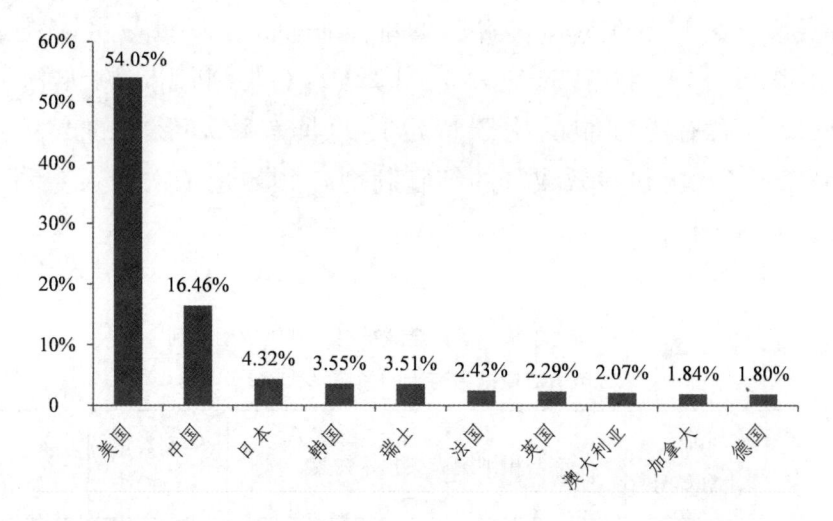

图1-12 2016—2020年第一季度造血干细胞发明专利申请数量排名前十的国家（地区）占全球的比重

从第一申请机构来看，弗雷德哈钦森癌症研究中心以94件专利申请量位列第一，占全球的4.23%；其次分别是美真达治疗公司和加利福尼亚大学董事会，分别占全球的3.46%和2.43%。此外，儿童医疗中心有限公司、菲特治疗公司、诺华公司、哈佛学院校长同事会、儿童医院医疗中心、斯坦福大学托管委员会和萨穆梅德有限公司专利申请量也进入全球前十位。

3. 神经干细胞

全球共有神经干细胞发明专利申请2493件，其中，C12N（干细胞培养与制备）专利1228件，占49.26%；A61K（基于干细胞的医用配置品）专利802件，占32.17%。具体领域来看，C12N5（干细胞的分离、培养、制备以及关于干细胞的分化方法）领域专利1109件，占44.48%；A61K35（含有不明结构的原材料或其反应产物的细胞制剂）领域占16.53%；A61K31（含有机有效成分的细胞制剂）领域占5.50%（见表1-28）。除此之外，G01N33（与干细胞相关的分析鉴定方法）、C12N15（干细胞特定基因表达调控及与干细胞有关的基因编辑方法）、A61K38（含肽的细胞制剂）、A61L27（干细胞在组织工程材料中的应用）、C12Q1（干细胞检测方法）、A61K9（含有干细胞的用于特定目的具有特殊形状的产品）、A61K33（含无机有效成分的细胞制剂）领域也依次进入专利申请数量前十位。

表1-28　　2016—2020年第一季度全球神经干细胞发明专利申请数量排名前十的领域（大组）

序号	IPC主分类号	与干细胞有关技术内容	专利数量（件）	占比（%）
1	C12N5	干细胞的分离、培养、制备以及关于干细胞的分化方法	1109	44.48

续表

序号	IPC 主分类号	与干细胞有关技术内容	专利数量 （件）	占比 （%）
2	A61K35	含有不明结构的原材料或其反应产物的细胞制剂	412	16.53
3	A61K31	含有机有效成分的细胞制剂	137	5.50
4	G01N33	与干细胞相关的分析鉴定方法	81	3.25
5	C12N15	干细胞特定基因表达调控及与干细胞有关的基因编辑方法	72	2.89
6	A61K38	含肽的细胞制剂	71	2.85
7	A61L27	干细胞在组织工程材料中的应用	51	2.05
8	C12Q1	干细胞检测方法	31	1.24
9	A61K9	含有干细胞的用于特定目的具有特殊形状的产品	25	1.00
10	A61K33	含无机有效成分的细胞制剂	23	0.92

从专利公开国别/地区来看，中国公开的专利数量542件，居于首位，占全球的21.74%；其次分别是美国和世界知识产权组织，分别占17.21%和13.12%。进入前十位的其他专利公开国别/地区依次为日本、韩国、欧洲专利局、澳大利亚、加拿大、印度和以色列。

从专利申请者归属国家（地区）来看，美国专利申请数量926件，居于首位，占37.14%；位居第二的是中国，占19.21%（见图1-13）。此外，韩国和日本的专利申请数量占比也在10%以上。进入前十位的其他国家（地区）依次为英国、以色列、德国、中国台湾、法国和加拿大。

从第一申请机构来看，纪念斯隆-凯特琳癌症中心以83件专利申请量位列第一，占全球的3.33%；其次是日本的理化学研究所，占1.85%；加利福尼亚大学董事会排名第三，占

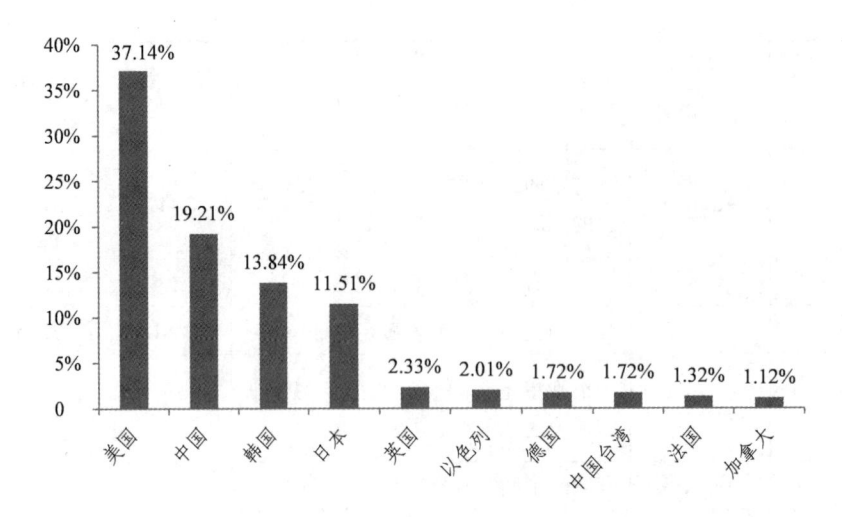

图 1-13　2016—2020 年第一季度神经干细胞发明专利申请数量排名前十的国家（地区）占全球的比重

1.64%。此外，詹森生物科技公司、延世大学校产学协力团、萨穆梅德有限公司、韩国生命工学研究院、桑比欧公司、希德斯-西奈医疗中心、兰诺龙有限公司专利申请量也进入全球前十位。

4. 间充质干细胞

全球共有间充质干细胞发明专利申请 4574 件，其中，C12N（干细胞培养与制备）专利 2003 件，占 43.79%；A61K（基于干细胞的医用配置品）专利 1600 件，占 34.98%。具体领域来看，C12N5（干细胞的分离、培养、制备以及关于干细胞的分化方法）领域专利 1833 件，占 40.07%；A61K35（含有不明结构的原材料或其反应产物的细胞制剂）领域占 23.35%；A61L27（干细胞在组织工程材料中的应用）领域占 5.84%（见表 1-29）。除此之外，A01N1（干细胞的冻存液及冻存方法）、A61K8（干细胞或其外泌体在化妆品领域的应用）、A61K38（含肽的细胞制剂）、A61K31（含有机有效成分的细胞制剂）、C12N15（干细胞特定基因表达调控及与干细胞有关的基因编辑方法)、C12Q1(干细胞检测方法)、G01N33(与干细胞相关的分析鉴定方法)领域也依次进入专利申请数量前十位。

表1-29　2016—2020年第一季度全球间充质干细胞发明专利申请数量排名前十的领域(大组)

序号	IPC主分类号	与干细胞有关技术内容	专利数量(件)	占比(%)
1	C12N5	干细胞的分离、培养、制备以及关于干细胞的分化方法	1833	40.07
2	A61K35	含有不明结构的原材料或其反应产物的细胞制剂	1068	23.35
3	A61L27	干细胞在组织工程材料中的应用	267	5.84
4	A01N1	干细胞的冻存液及冻存方法	132	2.89
5	A61K8	干细胞或其外泌体在化妆品领域的应用	117	2.56
6	A61K38	含肽的细胞制剂	116	2.54
7	A61K31	含有机有效成分的细胞制剂	115	2.51
8	C12N15	干细胞特定基因表达调控及与干细胞有关的基因编辑方法	102	2.23
9	C12Q1	干细胞检测方法	97	2.12
10	G01N33	与干细胞相关的分析鉴定方法	86	1.88

从专利公开国别/地区来看,中国公开的专利数量2039件,居于首位,占全球的44.58%;其次分别是美国和世界知识产权组织,分别占11.52%和9.97%。进入前十位的其他专利公开国别/地区依次为韩国、日本、欧洲专利局、澳大利亚、印度、加拿大和新加坡。

从专利申请者归属国家(地区)来看,中国专利申请数量1963件,居于首位,占42.92%;位居第二的是美国,占16.22%(见图1-14)。此外,韩国和日本的专利申请数量占比也在 10% 以上。进入前十位的其他国家（地区）依次为印度、澳大利亚、瑞士、以色列、西班牙和德国。

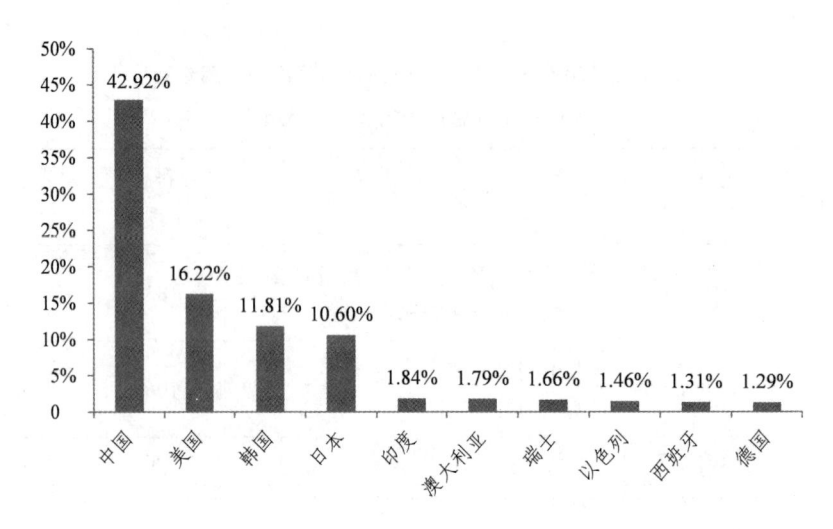

图 1-14 2016—2020 年第一季度间充质干细胞发明专利申请数量排名前十的国家占全球的比重

从第一申请机构来看，广州赛莱拉干细胞科技股份有限公司以 109 件的专利申请量位列第一，占全球的 2.38%；其次是美合康生株式会社，占 1.29%；迈索布拉斯特国际有限公司排名第三位，占 1.01%。此外，TIGENIX 公司、札幌医科大学、浙江大学、韩国加图立大学产学协力团、三星生命公益财团、加利福尼亚大学董事会、纽约市哥伦比亚大学理事会专利申请量进入全球前十位。

5. 诱导多能干细胞

全球共有诱导多能干细胞（induced pluripotent stem cell, iPS 细胞）发明专利申请 1619 件，其中，C12N（干细胞培养与制备）专利 1230 件，占 75.97%；A61K（基于干细胞的医用配置品）专利 150 件，占 9.26%。具体领域来看，C12N5（干细胞的分离、培养、制备以及关于干细胞的分化方法）领域专利 1089 件，占 67.26%；C12N15（干细胞特定基因表达调控及与干细胞有关的基因编辑方法）领域占6.36%；A61K35（含有不明结构的原材料或其反应产物的细胞制剂）领域占5.50%（见表1-30）。除此之外，C12Q1（干细胞检测方法）、G01N33（与干细胞相关的分析鉴定方法）、C07K14（干细胞表面抗原的制备及应用或多肽在促进干细胞分化方面的应用）、A61K48（基因编辑技术在干细胞治疗方面的应用）、A61L27（干细胞在组织工程材料中的应用）、A61K31（含有机有效成分的细胞制剂）、A61K38（含肽的细胞制剂）领域也依次进入专利申请数量前十位。

表1-30 2016—2020年第一季度全球诱导多能干细胞发明专利申请数量排名前十的领域（大组）

序号	IPC主分类号	与干细胞有关技术内容	专利数量（件）	占比（%）
1	C12N5	干细胞的分离、培养、制备以及关于干细胞的分化方法	1089	67.26
2	C12N15	干细胞特定基因表达调控及与干细胞有关的基因编辑方法	103	6.36
3	A61K35	含有不明结构的原材料或其反应产物的细胞制剂	89	5.50
4	C12Q1	干细胞检测方法	43	2.66
5	G01N33	与干细胞相关的分析鉴定方法	40	2.47
6	C07K14	干细胞表面抗原的制备及应用或多肽在促进干细胞分化方面的应用	29	1.79
7	A61K48	基因编辑技术在干细胞治疗方面的应用	20	1.24
8	A61L27	干细胞在组织工程材料中的应用	16	0.99
9	A61K31	含有机有效成分的细胞制剂	15	0.93
10	A61K38	含肽的细胞制剂	13	0.80

从专利公开国别/地区来看，美国公开的专利数量 322 件，居于首位，占全球的 19.89%；其次分别是中国和世界知识产权组织，分别占 15.69% 和 15.13%。进入前十位的其他专利公开国别/地区依次为日本、欧洲专利局、韩国、澳大利亚、加拿大、新加坡和印度。

从专利申请者归属国家（地区）来看，美国专利申请数量 676 件，居于首位，占 41.75%；位居第二的是日本，占 18.41%；韩国排名第三，占 14.33%（见图 1-15）。此外，中国的专利申请数量占比也在 10% 以上。进入前十位的其他国家（地区）依次为新加坡、英国、法国、德国、瑞士和荷兰。

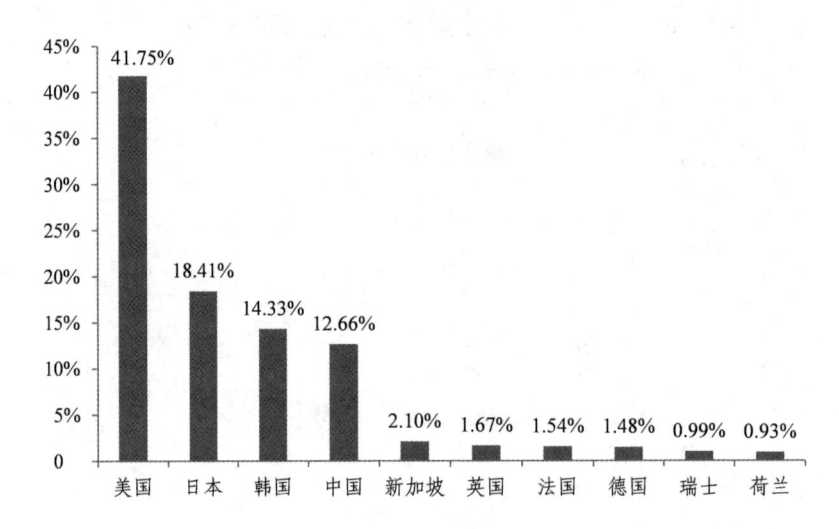

图 1-15 2016—2020 年第一季度诱导多能干细胞发明专利申请数量排名前十的国家（地区）占全球的比重

从第一申请机构来看，京都大学以 60 件的专利申请量位列第一，占全球的 3.71%；其次是美合康生株式会社，占 3.58%；ALLELE BIOTECHNOLOGY AND PHARMACEUTICALS 公司位列第三，占 2.41%。此外，西达-赛奈医疗中心、细胞动力国际有限公司、大阪大学、斯克里普斯研究所、纪念斯隆-凯特琳癌症中心、蒲川医科大学校产学协力团和新加坡科技研究局专利申请量也进入全球前十位。

6. 小结

总的来看，重点领域技术发展呈现以下特征。

（1）胚胎、造血、神经干细胞领域主要技术市场是中国，主要技术供给是美国

从专利公开国来看，胚胎干细胞、造血干细胞、神经干细胞三个领域发明专利申请在中国公开的数量均位居第一，占据两成左右。而从申请人归属国来看，胚胎干细胞、造血干细胞、神经干细胞发明专利申请人归属国排名第一的是美国。可见，全球胚胎干细胞、造血干细胞、神经干细胞领域主要技术市场是中国，而主要技术供给是美国。

（2）间充质干细胞领域的主要力量是中国

从专利公开国来看，全球间充质干细胞发明专利申请中44.58%在中国公开；从申请人归属国来看，全球间充质干细胞发明专利申请中42.92%为中国申请。中国在全球间充质干细胞发明专利申请的公开国与申请国中均位居第一，既是全球间充质干细胞发明专利申请的主要市场，又是该领域主要的技术供给国家。整体来看，中国是全球间充质干细胞领域的主要力量。

（3）诱导多能干细胞领域的主要力量是美国

从专利公开国来看，全球诱导多能干细胞发明专利申请中19.89%在美国公开；从申请人归属国来看，全球诱导多能干细胞发明专利申请中41.75%为美国申请。美国在全球诱导多能干细胞发明专利申请的公开国与申请国中均位居第一，既是全球诱导多能干细胞发明专利申请的主要市场，又是该领域主要的技术供给国家。总的来看，美国是全球诱导多能干细胞领域的主要力量。

第二章 主要国家科技战略与政策

一 美国

(一) 科技管理体制

"二战"以后，美国的科技水平和综合国力一直领先于世界其他国家，美国的总体战略目标就是要保持"超级大国"的国家利益。因此美国在科技战略上十分注重抢占科技制高点，提出了多个具有前瞻性的科技计划，并形成了高效的多元分散性科技管理体制①。

美国是三权分立国家，立法、行政、司法都参与了国家科技战略的制定和管理。具体来看，美国的科技管理体制主要由总统（白宫）、国会及各联邦部门科技机构构成（见图2-1）。国会主要负责制定相关法律，通过控制全国科学技术的立法权、大型科研项目的拨款权和科研项目审批权来保障科技发展，设立的国会审计办公室主要负责科技预算及科技计划的审计工作。联邦政府则主要参与科技管理，尤其是科技计划的制订，总统则集中了全国科技活动的领导权与决策权。而与科技相关联的联邦部门则比较多，几乎每个部门都有相关的科技计划和预算。

白宫科技管理部门主要由科学技术政策办公室（OSTP，以

---

① 陈玉涛：《国家科技战略》，企业管理出版社2018年版，第5—9页。

下简称"科技政策办公室")、国家科学技术委员会(NSTC)、总统顾问委员会(PCAST)组成,是政府最高科技管理决策机构。

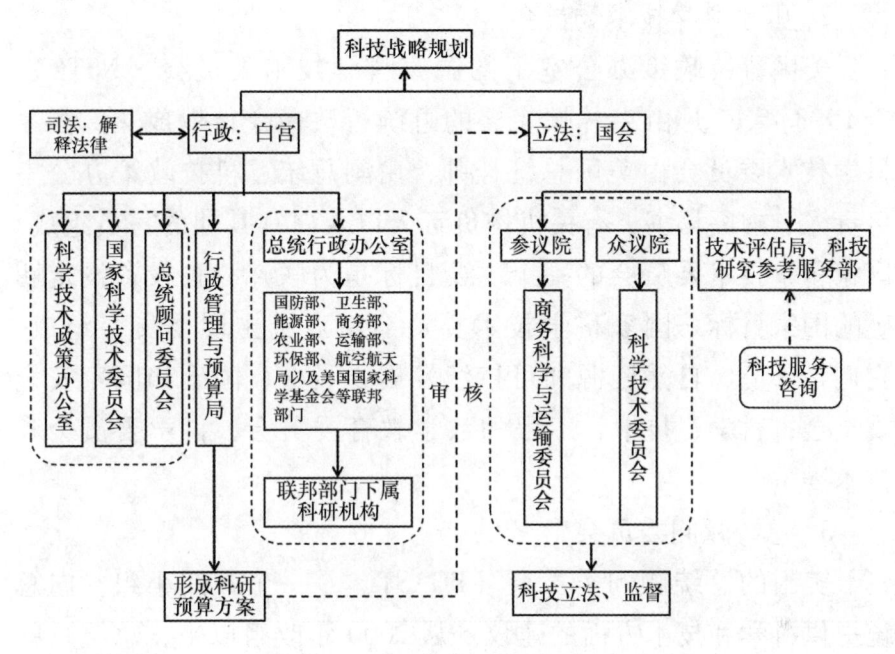

图 2-1 美国的科技组织结构

1. 科技政策办公室

1976 年,依据《国家科技政策、组织和重点法令》,白宫科技政策办公室成立,在重大科技计划与联邦政府项目等方面,为总统提供政策咨询与建议,由总统科技顾问兼任主任。其政策建议涵盖了国土安全、外交关系、科学、技术、工程、经济、健康、环境等,涉及内容十分广泛,在白宫的政策制定中处于重要地位。科技政策办公室还承担跨部门的科技政策协调工作,一方面,协助管理和预算办公室在联邦研究与发展预算进行年度回顾与分析,并提供科学与技术的分析与判断,保证联邦政府在科技研发上的投资,有利于国家安全、经济繁荣和提高环境质量;另一方面,协调联邦、州、地方政府以及科研机构,评估联邦政府的科技政策以及项目投入的规模、质量及效果。综合来看，科技政策办公室的主要作用就是制定科学和技术政策，使科学和技术服务于政府的政策。

2. 国家科学技术委员会

美国科技政策办公室下的国家科学技术委员会（NSTC），于1993年11月由克林顿签署的总统行政命令得以成立。国家科学技术委员会由美国总统挂帅，由副总统、科技政策办公室负责人、内阁秘书、有关机构负责人以及白宫其他的官员组成。国家科学技术委员会的一个主要目标是为联邦科技投资设定明确的国家目标。国家科学技术委员会由五个主要委员会组成，它们是环境、自然资源和可持续发展委员会，国土和国家安全委员会，科学、技术、工程和数学教育委员会，科学委员会和技术委员会。

3. 总统顾问委员会

美国的总统顾问委员会（PCAST）是一个顾问小组，向总统提供科学和技术方面的建议。从2000年改组以来，总统顾问委员会始终充当着白宫与学者、行业专家的主要沟通渠道。2017年9月，白宫更新了总统顾问委员会宪章，规定其主要职能是：按照总统、总统科技顾问的要求提供信息、分析、评价及建议；面向社会广泛收集各种信息、思想；扮演总统创新与技术咨询委员会以及国家纳米技术咨询小组的角色。

（二）科技创新政策动向

唐纳德·特朗普的科技施政重点主要体现在税法改革、移民改革、制造业回流、推进成果转化等方面。

1. 力推《减税与就业法案》，提高企业创新投入

特朗普政府力推减税法案，2017年12月，美国国会通过《减税与就业法案》，将个人所得税税率下降3个百分点左右，个人免征额度、家庭报税减免额分别从6350美元、12700美元

提高到 12000 美元、24000 美元。美国大企业所得税最高税率从 35% 下降到 21%，小企业按个人所得税征收，税前抵扣比例为 200%。企业海外利润流回美国缴纳的税收由 35% 调整为 8%—15.5%。特朗普政府希望通过此次减税，促进企业加大研发投入。另外，税改后的设备投资费用政策，允许企业购买新设备的全部成本按照当年一次性费用处理。该政策能够减少企业当年的应税所得，有助于促进企业扩大设备投资，并将节省的税金用于改善运营和提高员工技能。降低海外利润所得税则有利于促进科技型企业海外存留利润回流，进而扩大本国创新投资。

2. 建立基于申请人综合素质的移民系统，引进高端人才

特朗普政府认为过于宽松的移民政策是造成美国不安全的重要原因。在首份国情咨文中，特朗普提出将推动移民改革，推行收紧的移民政策。签证抽签制度对申请者的技能及综合素质要求不高，只要取得高中文凭或满足相关工作经验即可。特朗普政府提出建立基于申请人综合素质的移民系统，接受拥有技能并且能够为美国社会做出贡献的申请人。相比于抽签移民制度，基于申请人综合素质的移民系统将提高各类人才获得美国绿卡的机会，有利于美国引进高端人才。

3. 加大改革力度，促进科技应用和商业化

为了更好地促进发明成果向社会转移，2018 年 5 月美国国家标准与技术研究所发布新规，可以看作《贝赫－多尔法案》的改革。新政策解释了政府可以使用介入权的情况，简化了联邦实验室合作者申请专利许可的程序，规定联邦实验室雇员是合作发明者的职务等。不仅如此，特朗普的《总统管理议程》将"从实验室到市场"作为政府的优先目标，以期提高联邦政府研发投资的回报。国家科技委员会还设立了"从实验室到市场"子委员会，负责召集各部门共同探讨技术应用、转移和商业化工作。为此，能源部任命了第一位商业化总长，专门负责技术商业化工作；推出了"实验室伙伴寻觅服务网"，为产业界

与国家实验室的专家取得联系并提供便利。

4. 高度重视商业化和探索技术，确保太空主导地位

特朗普政府于2018年3月公布《国家太空战略》。特朗普的太空技术研发战略主要聚焦于商业化和探索技术两个方面。支持与商业和国际伙伴合作，把人类运送到月球；在人类登月之前，支持新的产业伙伴将机器人送到月球；应该支持国家太空经济增长，提升美国的太空技术。投资7.5亿美元用于研究探索技术，投资1.5亿美元用于扩大近地轨道商业活动，投资发射器，以便自己能将宇航员送到外太空。政府优先研发领域（2020）提出更细致的技术要求，确保在持久太空飞行、太空制造、在场资源利用、长期低温能源储存和管理、先进空间相关能源和推进能力等领域，取得领导地位。

5. 进行中长期战略谋划，确保量子科技领先地位

2018年12月特朗普签署了《国家量子倡议法案》，将全方位加速量子科技的研发与应用，开启量子领域的"登月计划"，确保美国量子科技领先地位。根据法案，美国将制定量子科技长期发展战略，实施为期十年的"国家量子计划"。政府未来五年内将斥资12.75亿美元开展量子信息科技研究，制定量子科技发展标准，支持量子科技人才建设，成立量子信息科研中心。此外，设立国家量子协调办公室，负责监管量子倡议项目的跨机构合作，作为联邦民事量子信息科技活动的联络中心等；成立量子信息科学组委会，负责协调联邦机构相关研究和项目，制定量子倡议项目的目标和优先项等；成立量子倡议咨询委员会，负责为总统和组委会提供评估和修正量子倡议项目的建议等。

6. 开发和转化新的制造技术，保持制造业领先地位

为保持美国在制造业的领先地位，2018年10月美国国家科学技术委员会下属的先进制造技术委员会发布了《先进制造业美国领导力战略》报告，提出了三大目标，展示了未来四年内的行动计划。其中,三大目标之一就是开发和转化新的制造技术,并且强调开发和转化新的制造技术是实施战略计划的着力点,主要涉及未来智能制造系统、先进材料和加工技术、美国制造的医疗产品、领先集成电路设计与制造、粮食与农业制造业五个方面以及15个行动计划(见表2-1)。

表2-1　　　　开发和转化新的制造技术行动计划及内容

涉及方面	行动计划	行动计划内容
未来智能制造系统	智能与数字制造行动计划	将大数据分析和先进的传感和控制技术应用于大量制造活动,从而促进制造业的数字化转型。
	先进工业机器人行动计划	促进新技术和标准的开发,以便在先进的制造环境中更广泛地采用机器人技术,并促进安全和有效的人机交互。
	人工智能基础设施	制定人工智能的新标准并确定最佳实践。
	制造业的网络安全	制定标准、工具和测试平台,并传播在智能制造系统中实施网络安全的指南。
先进材料和加工技术	高性能材料行动计划	在材料设计、优化和应用方面,促进材料基因组和系统级计算方法的采用。
	增材制造行动计划	继续推进过程控制和过程监控,开发新方法来衡量和量化材料和加工技术之间的相互作用,建立新标准以支持AM数据的表示和评估。扩大研究工作,将计算技术应用于实践。
	关键材料行动计划	推进经济高效的加工和分离技术,降低生产成本。通过研究可能的材料替代品,减少对关键材料的依赖,并通过创新制造工艺开发回收关键材料的方法。
美国制造的医疗产品	低成本、分布式药物制造行动计划	扩大国内药物生产能力,以减少药物短缺的风险,并提供具有成本效益、小规模的药物和生物制剂生产。通过提供从实验室到诊所的更快的生产途径,鼓励开发新的疗法和设备。

续表

涉及方面	行动计划	行动计划内容
美国制造的医疗产品	连续制造行动计划	开发新方法,将当前"以批次为中心"的制药生产转变为无缝集成的连续单位运营制造生产模式,以保持一致的产品质量。
	生物组织与器官制造行动计划	制定标准,确定起始材料,自动化制造流程,以增强生物制造技术,并提出利用患者自己的细胞推进人造组织和器官的愿景。
领先集成电路设计与制造	半导体设计工具和制造行动计划	优先考虑确保在国内保留和制造新微电子技术的投资能力。从原型设计阶段开始,研究提供灵活制造能力的方法,以创建新器件和测试新材料。建立更多使用设计工具和国内微电子制造厂的模式。
	新材料、器件和架构行动计划	优先支持半导体和电子产品研究,并扩大投资范围,包括板级制造技术。
粮食与农业制造业	食品安全与加工、测试和可追溯性行动计划	促进智能和数字制造概念应用到食品制造,包括使用数字成像,自动化,高级检测和数字线程来改善供应链的完整性。
	粮食安全生产和供应链行动计划	通过确保有效和公平分配的强大供应链,支持加强国内粮食生产。实施下一代质量控制系统,确保所有美国公民都能获得营养安全的食品。
	改善生物基产品行动计划	在植物育种,基因组学和生物基产品开发的交叉合作处进行研发。调整高通量自动化,以开发和筛选植物特性,如提高增值产品的产量、提高区域适宜环境中的作物恢复能力。

(三)人工智能政策措施

1. 重点关注人工智能对国家安全与社会稳定产生的长期影响与变革

2016年,美国相继发布《为人工智能的未来做准备》《人工智能、自动化与经济》两份报告，着眼于人工智能技术发展对国家与社会稳定产生的长期影响与变革，提出了一系列应对举措。主要有：优先投资私营企业不愿投资的人工智能基础与长远研究领域，针对人工智能的优势进行投资和开发；在计划和战略规划中重视人工智能和网络安全之间的相互影响；促进人工智能公开数据标准的使用和最佳实践；针对未来的工作类型教育并培训国民；为转型期间的工人提供帮助，并确保工人能够广泛共享经济增长的益处。可以看到，美国侧重研究人工智能给经济、社会带来的机遇和挑战，从技术研发与从业者培养，公平、安全与治理，就业风险保障等方面进行人工智能规划部署[①]。

2. 将人工智能作为国家发展战略布局

2019年，美国发布《美国人工智能倡议》，首次推出国家层面的人工智能发展计划，将美国人工智能技术发展上升到国家级战略的高度。倡议有五大核心要点：一是重新定向资金，要求联邦资助机构优先考虑人工智能投资；二是提供资源，为人工智能研究人员提供联邦数据、计算机模型和计算资源；三是建立标准，要求美国国家标准与技术研究院制定标准，以促进"可靠、强大、安全、可移植和可交互操作的人工智能系统"的发展；四是建立人才队伍，要求各机构优先考虑学徒、技能计划和奖学金，为美国培育能够研发和利用新型人工智能技术的研发人才；五是加强国际化参与，呼吁制定国际合作战略，确保人工智能的开发符合美国的"价值观和利益"。

3. 强调公私合作在人工智能研发中的重要性

截至2020年，美国发布了两版《国家人工智能研究与发展战略计划》（以下简称《战略计划》）。2016年版《战略计划》

---

① 国务院发展研究中心国际技术经济研究所、中国电子学会、智慧芽：《人工智能全球格局》，中国人民大学出版社2019年版。

提出了七大发展战略，一是明确对人工智能研发进行长期投资；二是重点开发有效的人类与人工智能协作方法；三是理解和应对人工智能带来的伦理、法律和社会影响；四是确保人工智能系统安全性；五是建立技术标准和评估体系；六是开发用于人工智能培训及测试的公共数据集和环境；七是把握人工智能研发人才的需求，在国家层面研究建立并保持健全的人工智能研发队伍。2019年版《战略计划》在2016年版七大战略方向基础上新增第八项（扩大公私合作），强调公私合作进行人工智能研发的重要性。合作方式包括项目合作、针对竞争前技术联合开展基础性研究、研究基础设施方面的合作、研发人员的跨部门参与等①②。总的来看，美国以《国家人工智能研究与发展战略计划》为蓝图，在技术研发和完善保障体系两大方面重点发力。技术研发上，强调对人工智能研发进行长期投资，尤其是优先投资私营企业不愿投资的基础与长远研究领域。完善保障体系上，重点从保障隐私安全、建立技术标准、开发公共数据集和环境、人才培养等方面进行布局。

4. 聚焦基础前沿，在互联网、芯片与操作系统以及金融、军事、能源等领域进行重点布局

在技术发展上，美国人工智能重点领域研究布局较为前沿而全面，力图推动弱人工智能走向强人工智能，超前布局通用AI理论和技术。美国国家科学基金会将继续资助人工智能的基础研究，如机器学习、推理和表示、计算机视觉、计算机神经科学、语音和语言、机器人和多智能体系统等，将重点关注人类与人工智能之间的功能角色划分、相互作用、协同工作、沟通协调和共享情境感知等方面的研究，布局互联网、芯片与操

---

① 赵春哲：《发达国家发展人工智能的经验与启示》，《中国经贸导刊》2019年第17期。

② 于成丽、胡万里、刘阳：《美国发布新版〈国家人工智能研究与发展战略计划〉》，《保密科学技术》2019年第9期。

作系统等计算机软硬件，以及金融、军事、能源等领域①。

（四）干细胞政策措施

2016 年底，美国国会通过了《21 世纪治愈法案》（*21st Century Cures Act*），从法律层面保障美国未来十年或更长时间内生物医学创新研发、疾病治疗及大健康领域的发展，为相关的医学研究提供资金等，并提出加速细胞疗法、组织疗法、组织工程产品以及联合疗法的发展和审批，有力地促进了干细胞技术的发展与应用。

1. 覆盖创新全链条的政府资金支持体系

美国国立卫生研究院（National Institutes of Health，NIH）统计数据显示，2015 财年开始，美国政府性干细胞研究的支出规模不断增加，至 2018 财年达 18.24 亿美元，同比增长 10.81%，预计 2019 财年将上升至 19.12 亿美元②。NIH 负责管理 90% 以上由联邦政府主导的医学科研经费，其对以干细胞为主的再生医学项目的资助显示：2010—2018 年，NIH 以多种方式对再生医学项目进行资助，共资助项目 19182 个，资助金额达 71.3 亿美元；其中，研究型项目经费总量最大，占比达到 75.5%；以院内研究项目的方式给予 NIH 下设的 27 家中心/研究所开展相关的研究开发项目经费占 11.8%；支持研究人员事业发展、会议、基础设施建设的经费占 5.9%；资助小企业与研究机构之间开展研发与产业化合作项目的经费占 3.1%；大规模、跨学科、合作型研究项目经费占 2.0%（该类项目特点是单个项目资助金额较高，约为研究型项目的 2.5 倍）；培训项目经

---

① 国务院发展研究中心国际技术经济研究所、中国电子学会、智慧芽：《人工智能全球格局》，中国人民大学出版社 2019 年版。

② 前瞻产业研究院：《全球干细胞治疗发展趋势分析 中国是否能够迎头赶上？》，2019 年 10 月 7 日，前瞻网（https://www.qianzhan.com/analyst/detail/220/190930-4196136d.html）。

费占1.4%；资助新产品、新技术的开发、签订委托合同的经费占0.4%[①]。可见，美国NIH对干细胞研究的资助涵盖基础研究、应用研究、产品开发及产业化、人才培养与基础设施建设等方面，形成了覆盖干细胞创新全链条的政府资金支持体系。

2. 积极推进干细胞研究中心建设

美国部分州及众多高校和研究所都积极推进干细胞研究中心建设。目前，影响力较大的州立研究所有伊利诺伊再生医学研究所（IRMI）、俄亥俄干细胞和再生医学中心等。此外，众多高校和研究所也成立了专门的干细胞与再生医学研究所和研究中心，如哈佛干细胞研究所、匹兹堡大学McGowan再生医学研究所、斯坦福大学医学院癌症与干细胞生物学医学研究所、德克萨斯健康研究所干细胞中心等。2018年5月，美国国家科学基金会（NSF）与西蒙斯（Simons）基金会合作资助建立了加州大学欧文分校NSF-Simons多尺度细胞命运研究中心，干细胞规范的表观遗传学控制是其重点关注的主题之一。众多的干细胞研究中心为美国干细胞技术研发奠定了坚实的平台基础。

3. 大力推进细胞制造技术发展

2016年6月，美国国家细胞制造协会（NCMC）在白宫机构峰会上公布《面向2025年大规模、低成本、可复制、高质量的先进细胞制造技术路线图》（以下简称《先进细胞制造技术路线图》），提出美国在未来十年内发展细胞制造技术的目标和行动路线。该路线图的最终目标是为细胞疗法、基于细胞的检测技术和各类设备提供优质的细胞来源，通过技术进步提高细胞制备的规模、效率、纯度、质量和制备简易性，进一步降低制备成本。同时，促进一系列基于细胞的疗法及相关产品的研发和临床转化。行动路线方面，提出细胞处理，细胞保存、分配与操作，处理监测与质量控制三个优先行动技术领域。细胞处

[①] 严舒、徐东紫、齐燕等：《基于政府投入的美国再生医学研究态势分析》，《世界科技研究与发展》2019年第5期，第487—495页。

理领域优先行动内容包括分离技术、培养介质、细胞扩增设备、细胞扩增、修饰和分化方法等。细胞保存、分配与操作领域优先行动内容包括产品跟踪系统、存储设施、先进的超低温保存技术、替代保存技术等。处理监测与质量控制领域优先行动内容包括细胞品质测试和测量技术、细胞分化测试和测量技术、监测和反馈控制技术、生物过程模型、数据管理与分析等[①]。先进细胞制造技术路线图的实施能够为干细胞研究提供规模化的、优质的细胞来源，降低细胞制备成本，有效促进干细胞疗法及相关产品的研发及产业化。

4. 以优先/快速审批机制促进干细胞临床试验发展

美国在 ClinicalTrials 注册的干细胞临床试验多达 3473 项，是全球开展干细胞临床试验最多的国家。美国食品和药物管理局（FDA）设有专门的评估中心和管理办公室，根据风险的等级和类别采取分级分类管理模式，以确保细胞产品的安全性和有效性。2016 年 12 月，美国修改《21 世纪治愈法案》的再生医疗条款时，为了加速再生疗法的开发和审批，制定了优先/快速审批机制，对干细胞药物授予再生医学先进疗法资格认定。再生医学先进疗法资格（Regenerative Medical Advanced Therapy，RMAT）可以是细胞疗法、治疗性组织工程产品、人类细胞及组织制品，也可以是其他包含了再生医学技术制品的联合疗法。在研药物要获得 RMAT 资格认定，必须要有初步的临床研究数据证明药物在治疗、延缓、逆转或治愈严重或危及生命的疾病方面具有积极的结果。获得 RMAT 资格的药物可以同时享受 FDA 的突破性疗法（Breakthrough Therapy Designation）和快速通道（Fast Track）资格的所有优惠政策，从而得到 FDA 对于药物有效开发的密集指导，包括能够与 FDA 资深管理人员早期互动以讨论替代或中间终点，支持加速审批和满足审批后要求的潜

---

① 尹海华：《美国"先进细胞制造技术路线图"的启示》，2017 年 7 月 11 日，中国生物技术信息网（http://www.biotech.org.cn/information/147768）。

在方法、潜在的生物制品许可申请的优先审查和其他加快开发和审查的机会。截至 2019 年 9 月，FDA 共收到并评价了 115 项 RMAT 申请，仅有 44 项申请被授予 RMAT 资格①。优先/快速审批机制有效地加速了干细胞药物的审批，有力地促进了美国干细胞临床试验的发展。

5. 地方层面积极推进干细胞产业发展

为确保干细胞产品的安全性和有效性，美国联邦政府层面对干细胞研究实行较为严格的管控，而在州的层面，加利福尼亚州、得克萨斯州等却对干细胞研究持开放态度，纷纷通过地方立法的形式鼓励干细胞产业的发展。加利福尼亚州是美国第一个通过民众公决来支持干细胞研究的州，早在 2004 年 11 月就以全民投票的方式通过加州第 71 号提案《加州干细胞研究和治疗法案》。此外，加州政府专门成立"加州再生医学研究所"（CIRM）组织和管理干细胞研究项目。CIRM 从 2006 年发放第一批经费，至今已资助 750 多个干细胞项目。CIRM 还投资修建了 12 个干细胞研究设施，这些高技术设备有效助推了加利福尼亚州干细胞领域的前沿研究。许多因联邦政府对干细胞研究的限制而无法获得 NIH 经费的年轻科学家，通过 CIRM 的资助开启了自己的干细胞研究事业。此外，得克萨斯州采取了不同于 FDA 对于干细胞治疗和干细胞诊所的严厉监管的态度。2017 年 6 月，得克萨斯州州长格雷格·阿博特（Greg Abbott）签署了一项法案，允许该州的诊所和公司使用未经 FDA 审批的干细胞治疗，这意味着患者有权自行选择是否接受干细胞治疗手段，该项法案已于同年 9 月 1 日生效。法案规定，在医生考虑其他疗法后仍推荐干细胞治疗的情况下，在医院机构审查委员会（IRB）批准后，严重慢性疾病或绝症患者可选择在诊所中接受

---

① 科济生物医药（上海）有限公司：《科济生物 CT053 细胞治疗产品被 FDA 授予再生医学先进疗法资格》，2019 年 10 月 28 日，美通社网站（https://www.prnasia.com/story/262179-1.shtml）。

干细胞治疗，不过该法案仍要求使用的干细胞疗法已经在人类临床试验中进行测试[①]。加利福尼亚州、得克萨斯州等对干细胞技术的适度开放与支持大力推进了干细胞的研发和产业化。

二 日本

（一）科技创新发展战略

日本的科技创新战略由中长期立国战略、科学技术基本计划、年度综合战略三部分组成，科学技术基本计划是在中长期立国战略的范畴与定位的基础上制定的，年度综合战略的制定又是基于科学技术基本计划的主要内容，三者环环相扣，构建起日本科技发展战略体系。该模式既保证了科技战略的连贯性、一致性，又可以根据不同时期的特征弹性调整战略方向，明确科技发展重点与路径。

1. 中长期立国战略

日本《创新 25 战略》发布于 2007 年 6 月，该战略的制定是建立在 20 年后日本面临人口老龄化日趋显著、信息化和全球化加速发展以及环境、能源、疾病三大挑战的基础之上，是政府制定的到 2025 年的中长期立国战略，主要包括"技术革新战略路线图"和"社会体制改革战略"两大方面，是社会体制改革与科学技术创新相结合的一体化战略。

"技术革新战略路线图"主要包括四个方面的内容：大力实施技术创新项目，加快还原于社会；推进不同领域的战略性研发，制定纳米技术、生命科学等重点领域的研发路线图；推进富有挑战性的基础研究；强化进行创新的研发体制。

"社会体制改革战略"包括 28 个中长期项目和 146 个短期项目，旨在改善社会环境（包括社会制度和人才等），促进创

---

① 陈云、邹宜谊、邵蓉等：《美国干细胞产业发展政策与监管及对我国的启示》，《中国医药工业杂志》2018 年第 12 期，第 1733—1741 页。

新。"社会体制改革战略"还提出了中长期内需要解决的课题和亟待解决的课题。中长期内需要解决的课题主要是建设终身健康的社会、建设安全放心的社会、建设人生丰富多彩的社会、建设为解决世界性难题做出贡献的社会、建设向世界开放的社会。亟待解决的课题主要包括：为促进创新改善社会环境、增加对下一代的投资、进行大学改革、实现增长并为世界做出贡献、促进国民意识改革。

2. 科学技术基本计划

日本科学技术基本计划的制定始于1996年，以5年为周期定期发布，作为日本科技计划体系的总纲，既是实施日本科技立国战略的具体展开，也是制定科学技术创新综合战略等具体政策的重要依据。第五期科学技术基本计划（2016—2020年）发布于2016年1月，由日本最高科技决策咨询机构——综合科学技术创新会议（CSTI）重组后首次制定和执行。该计划制订了研发投入占国内生产总值（GDP）比重的4%以上，其中政府研发投入占GDP比重应达1%的目标。首次提出超智能社会"社会5.0"，着力点由解决当前问题转移到面向未来发展上，并将新兴产业、基础性研究作为发展重点。创造未来产业和推动社会变革，提出"社会5.0"；积极应对经济和社会课题；强化基础实力，包括人才实力、知识基础、资金改革，构筑人才、知识、资金良性循环体系，深化科技创新和社会的关系，强化科技创新推进机制建设。

3. 年度综合战略

日本每年发布创新综合战略，重点分析了过去一年国内外形势的变化，提出下一年度推动创新发展的主要策略。最近的一次是2019年6月发布的《创新综合战略2019》（以下简称《综合战略2019》）。《综合战略2019》主要提出从知识源泉、知识创造、知识扩散和知识成果国际流动四大方面一体化推动创新。

一是构筑知识源泉。首先,构建面向超智能社会的数据基础。日本希望构建能够安全、安心使用数据的环境,通过跨部门、跨领域的数据应用,创造出新价值。其次,构建科研数据基础。希望通过跨部门、跨领域和跨国境的新型合作,加快知识创造速度。

二是加大知识创造。首先,要夯实研究能力,将出台"研究能力强化与年轻研究人员援助一揽子计划"。该计划将通过人才、资金、环境三位一体的改革,综合、彻底地加强日本的研究能力。其次,以应对经济社会挑战和颠覆性创新为目标大力推动研发。希望通过"解决各种经济和社会课题的研发"与"面向未来产业创造、社会变革、勇敢进行挑战的研发"双轮驱动,逐步创造知识,推动可持续创新。将继续实施"战略性创新推进计划"(SIP)和"官民研究开发投资扩大计划"(PRISM)。

三是加快知识扩散。首先,推动超智能社会(智慧城市)推广。希望率先在全球推出简单易行的智能社会模板。其次,大规模支持创业。日本将进一步完善创业环境。对国内主要城市的创业生态系统从资金、网络、人才等方面进行评估,选出重点城市进行集中支持,并通过扩大招商引资和普及创业签证等措施,大力吸引国内外创业者。

四是加速知识成果国际间流动。首先,利用科技创新助力实现可持续发展目标。在制定或修订政府战略或计划时融入可持续发展目标,并加强国际合作;构建由民间部门主导的国际科技创新合作研究平台,共享科学知识及科研成果,扩大应用,推动国内外各类机构间合作。其次,构建国际研发合作及成果推广网络。推动大学和国立研究机构的国际化,构建国际一流的研发平台,主导国际标准及国际规则制定,构筑国际科研数据基础,推动科研数据开放共享。

（二）科技管理体制

日本科技管理组织体系主要由综合科学技术创新会议（CSTI）、文部科学省（MEXT）及其下属研究、审议机构构成。日本的科技管理组织体系属于典型的集中型管理。设置于内阁的综合科学技术创新会议处于日本科技管理体系的核心位置，综合科学技术创新会议一般以五年为周期，制订"科学技术基本计划"，承担着制定科学技术基本政策、统筹分配国家科技创新资源以及评估重大科技项目等职能，主导着日本科技创新的发展方向，是日本关于科学技术的最高审议、咨询机构[①]。综合科学技术创新会议的设置，加大了内阁对科技政策的领导权，增强了科技政策的综合协调性，使其具有战略性、综合性和及时性。

综合科学技术创新会议有理事会和专项调查会两个常设机构，理事会主要负责从国家发展战略角度出发，对日本科技政策、规划及发展方向进行计划性立案和综合审议，对日本政府首相和内阁都具有直接影响。专项调查会则负责对日本各机构提交的科技创新战略规划进行评估，并提出具体建议。目前成立的五个专项调查会分别是科技基本计划专项调查会、重要课题专项调查会（根据不同领域划分）、科技创新政策推进专项调查会、评价专项调查会、生命科学伦理专项调查会。其中，科技创新政策推进专项调查会重点围绕营造科技创新环境、开展跨部门与国际合作等领域进行政策评价。

（三）人工智能政策措施

1. 将人工智能作为推进超智能社会建设的关键核心技术

2016年初，日本发布《第五期科技基本计划（2016—2020）》，提出在全世界率先建成"超智能社会"（Society 5.0）

---

① 陈玉涛：《国家科技战略》，企业管理出版社2018年版，第90页。

的宏伟愿景,并将以人工智能、大数据、物联网等为代表的信息通信技术作为支撑这一愿景的关键基础性技术[1],而日本又将人工智能作为实现"超智能社会5.0"的核心技术。由于日本老龄化问题日益突出,日本希望借助人工智能技术发展来推进超智能社会的建设[2],帮助其应对老龄化、教育和商业领域的发展问题,提升服务领域的生产效率、培育新产业、激活地方经济。

2. 建立总务省、文部科学省和经济产业省三省合作体制

2016年,日本发布了《日本下一代人工智能促进战略》,围绕基础研究、应用研究、产业发展三大方面,确立了总务省、文部科学省和经济产业省三省合作体制。其中,总务省下设信息通信技术研究所,负责大脑通信、语音识别、社会知识解析等重点技术研发,构建信息通信技术的整合性平台。文部科学省下设理化学研究所,负责基础研究、创新技术、人才培养等,构建科学技术研究及相关活动平台。经济产业省下设产业技术综合研究所,负责应用研究,重点完善通用基础技术、标准,打造连接基础研究和社会应用的平台。其建立的人工智能研究中心(AIRC)主要推进产学研合作,承担成果转化和推广任务[3]。三省共同召开相关会议,制定人工智能发展战略,实现了计算机、软件、网络等基础设施及研发成果的实时共享。三省合作体制已成为日本人工智能发展的主要推动力量[4]。

3. 期望推动强人工智能和超级人工智能的发展

2017年,日本人工智能技术战略委员会发布《人工智能技

---

[1] 高芳、张翼燕:《日本和韩国加快完善人工智能发展顶层设计》,《科技中国》2018年第8期。

[2] 清华大学中国科技政策研究中心:《中国人工智能发展报告2018》。

[3] 任泽平:《人工智能:新基建,迎接智能新时代》,"战略前沿技术"微信公众号(https://mp.weixin.qq.com/s/IpnVYicLfvdzMMl0NqLHDg)。

[4] 国务院发展研究中心国际技术经济研究所、中国电子学会、智慧芽:《人工智能全球格局》,中国人民大学出版社2019年版。

术战略》，规划了人工智能产业化发展路线图。第一阶段，在各领域发展数据驱动人工智能技术的应用；第二阶段，在多领域开发基于人工智能技术的公共事业；第三阶段，联通各领域，建立人工智能生态系统①。此外，提出了要优先发展社会生产力领域，健康、医疗和福利领域，交通领域和信息安全领域。2018 年，日本发布了第 5 版《下一代人工智能/机器人核心技术开发》计划，希望能够依托计划的实施，研发出能够替代人类甚至超越人类能力水平的人工智能和机器人，向强人工智能和超级人工智能的方向延伸②。2019 年，日本出台了《人工智能战略 2019》，在技术研发方面，重点关注人工智能基础研究和基础技术开发项目、人工智能产业技术研究项目、通过人工智能实现包容性发展相关研究项目、利用多元化创意开发新技术和开拓新领域的创新型研究项目，以构建能够覆盖基础研究、应用研究和产业化的人工智能研发体系。在应用方面，提出构建数据基础，率先在全世界实现人工智能在社会领域的应用，首先聚焦在医疗与健康、农业、国土资源、交通基础设施与物流、地区发展（智慧城市）五大重点领域的应用③。总的来看，日本重视人工智能的基础研究和技术开发，并推动在社会各领域中的应用。此外，在未来布局方向上，日本期望推动强人工智能和超级人工智能的发展。

4. 重点布局机器人、脑信息通信、自动驾驶等领域

在具体技术布局上，日本将重点放在了"以信息通信技术为基础（灵活运用大数据）的人工智能技术"和"以大脑科学

---

① 国务院发展研究中心国际技术经济研究所、中国电子学会、智慧芽：《人工智能全球格局》，中国人民大学出版社 2019 年版。

② 高芳、张翼燕：《日本和韩国加快完善人工智能发展顶层设计》，《科技中国》2018 年第 8 期。

③ 《解读日本人工智能发展战略》，2019 年 12 月，搜狐（https://www.sohu.com/a/361872889_777705）。

为基础的人工智能技术"上①。日本目前的重点研发领域主要有机器人、脑信息通信、自动驾驶、声音识别、语言翻译、社会知识解析、创新型网络建设、大数据分析等。在人工智能应用上，主要有两条发展主线，一是传统的替代人力的机器人制造与应用，力图实现日本国内的生产自动化、无人配送和大规模物联网。二是为解决日益严重的人口老龄化问题，努力将人工智能应用于医疗健康、护理以及自动驾驶领域②。在技术优势上，日本机械制造及机器人技术实力雄厚，为智能机器人、智能制造、自动驾驶、脑信息通信技术等发展奠定了坚实基础，使得这些领域较为领先③。

（四）干细胞政策措施

日本政府将促进再生医学研究与产业化发展作为经济增长政策中重要的一项措施，对再生医疗发展制定了两个"五年发展计划"。2010—2015年为"一五"规划期，计划至2015年末实现约10项干细胞临床研究向治疗的转化，并且加大对干细胞制剂工艺技术的研究；2016—2020年为"二五"规划期，目标是继续扩大临床研究向应用的转化，并使再生医疗制品的批准注册数量有所增加，开发再生医疗所需的实用器械及装置，提出具有实际应用价值的再生医疗国际标准。

1. 聚焦诱导多功能干细胞及相关新药研发

2019年6月，日本发布了《科学技术创新综合战略2019》，提出到2030年建成世界最先进的生物经济社会。在未来发展方向上，提出以生物和数字融合为基础，包括生物活动的数据化、

---

① 国务院发展研究中心国际技术经济研究所、中国电子学会、智慧芽：《人工智能全球格局》，中国人民大学出版社2019年版。
② 清华大学中国科技政策研究中心：《中国人工智能发展报告2018》。
③ 周生升、秦炎铭：《日本人工智能发展战略与全球价值链能力再提升——基于顶层设计与产业发展的竞争力分析》，《国际关系研究》2020年第1期。

构筑数据基础等，并最大限度地利用它来发展产业和研究。同年，出台《集成创新战略 2019》，并在附件中推出《生物战略 2019》。这是日本政府继 2002 年推出《生物技术战略大纲》和 2008 年推出《促进生物技术创新根本性强化措施》战略之后，再次推出国家生物技术发展新战略。《生物战略 2019》提出将"医疗与非医疗领域"整合，进行综合考虑，重点发展高性能生物材料、生物塑料、生物药物、生物制造系统等 9 个领域，并在 2030 年前进行重点资助。日本文部科学省是负责统筹日本国内教育、科学技术、学术、文化及体育等事务的行政机构。日本文部科学省 2019 年度及 2020 年度预算显示，健康医疗领域研究开发的目标之一是推进利用 iPS 细胞等实现世界最先进的医疗技术治疗疾病，同时实施与临床应用、临床试验和产业应用相联系的措施。2019 年度及 2020 年度，再生医疗领域研究开发预算均为 90.66 亿日元，主要目标是构筑以京都大学 iPS 细胞研究所为核心的研究机构，推进革新性再生医疗创新药物研究开发。

2. 对再生医疗技术实行分类审批

2013 年，日本出台《再生医疗安全法》，成为再生医疗领域的专门法律，明确了再生医疗的法律规则体系及质量安全标准。同年，日本修改了《药事法》，并将其更名为《药品、医疗器械及其他医疗产品法》。《再生医疗安全法》和《药品、医疗器械及其他医疗产品法》根据所用细胞安全性风险高低，将临床实施再生医疗技术的审批划分为三类。第一类为高风险再生医疗技术，所用细胞为胚胎干细胞、iPS 细胞及其近似细胞、基因修饰细胞、异种或异基因细胞。医疗机构首先要经过"特殊再生医疗委员会"的审查，随后"特殊再生医疗委员会"会同厚生科学审议会及厚生劳动大臣，三方在 90 天内对医疗计划反复讨论以决定批准与否，并可向医疗机构提出修改意见，医疗机构应在规定时间内完成补正。第二类为中风险再生医疗技术，所用细胞为经过体外特殊处理，已改变了原有生物特性的自体细胞（包括成体干细胞），如静脉注射自体脂肪干细胞治疗糖尿病，外周血干细胞移植治疗类风湿关节炎等。第二类再生医疗技术的审批无需厚生科学审议会参与。第三类为低风险再生医疗技术，所用细胞未经过体外特殊处理，并且是自体细胞，如乳房切除后利用脂肪干细胞重塑乳房。因风险较低，医疗机构只需通过"再生医疗委员会"的审查即可[①]。

3. 建立专门的产品上市审批办法

《药品、医疗器械及其他医疗产品法》将再生医疗制品单独设立成为除药品、医疗器械、化妆品以外的第四类医疗产品，并建立了专门的上市审批办法。只要临床试验能够证明再生医疗制品的安全性，且已有的研究及试验数据能够推定其有效性，即可快速获批上市。与普通药品获批不同的是，再生医疗制品的首次获批为限制性上市批准，限制条件包括使用限制与时间限制，要求只有满足一定专业人员及设施条件的医疗机构才能给病人使用，给予批准上市的期限最长不超过7年，在限制期限内需完成有效性的确认，并持续跟踪安全性。产品上市经过试验阶段、上市审批阶段和上市使用阶段，企业需遵循《再生医疗制品安全性非临床实施规范》（GLP）、《再生医疗制品临床试验实施规范》（GCP）、《再生医疗制品生产管理及质量控制规范》（GCTP）、《上市后的再生医疗制品的检测研究和实施规范》（GPSP）等一系列相关规范。

三　中国

（一）国家创新驱动发展战略

2016年中国发布《国家创新驱动发展战略纲要》，成为推

---

① 李昕、宋晓亭：《日本再生医疗法律制度述评》，《国外社会科学》2017年第3期，第125—135页。

动全国创新发展的纲领性文件。

1. 总体目标

《国家创新驱动发展战略纲要》提出分三步走的战略目标。第一步，到2020年进入创新型国家行列，基本建成中国特色国家创新体系，有力支撑全面建成小康社会目标的实现。具体表现为：一是创新型经济格局初步形成。若干重点产业进入全球价值链中高端，成长起一批具有国际竞争力的创新型企业和产业集群。二是自主创新能力大幅提升。形成面向未来发展、迎接科技革命、促进产业变革的创新布局，突破制约经济社会发展和国家安全的一系列重大瓶颈问题，初步扭转关键核心技术长期受制于人的被动局面，在若干战略必争领域形成独特优势，为国家繁荣发展提供战略储备、拓展战略空间。第二步，到2030年跻身创新型国家前列，发展驱动力实现根本转换，经济社会发展水平和国际竞争力大幅提升。主要产业进入全球价值链中高端。不断创造新技术和新产品、新模式和新业态、新需求和新市场，总体上扭转科技创新以跟踪为主的局面。在若干战略领域由并行走向领跑，形成引领全球学术发展的中国学派，产出对世界科技发展和人类文明进步有重要影响的原创成果。第三步，到2050年建成世界科技创新强国，成为世界主要科学中心和创新高地。拥有一批世界一流的科研机构、研究型大学和创新型企业，涌现出一批重大原创性科学成果和国际顶尖水平的科学大师，成为全球高端人才创新创业的重要聚集地。

2. 重点领域

根据《国家创新驱动发展战略纲要》，重点发展以下技术领域。

一是要发展新一代信息网络技术，增强经济社会发展的信息化基础。加强类人智能、自然交互与虚拟现实、微电子与光电子等技术研究，推动宽带移动互联网、云计算、物联网、大数据、高性能计算机、移动智能终端等技术研发和综合应用，加大集成电路、工业控制等自主软硬件产品和网络安全技术攻关和推广力度。

二是发展智能绿色制造技术，推动制造业向价值链高端攀升。发展智能制造装备等技术，加快网络化制造技术、云计算、大数据等在制造业中的深度应用。加强产业技术基础能力和试验平台建设，提升基础材料、基础零部件、基础工艺、基础软件等共性关键技术水平。发展大飞机、航空发动机、核电、高铁、海洋工程装备和高技术船舶、特高压输变电等高端装备和产品。

三是发展生态绿色高效安全的现代农业技术，确保粮食安全、食品安全。系统加强动植物育种和高端农业装备研发，大面积推广粮食丰产、中低产田改造等技术，深入开展节水农业、循环农业、有机农业和生物肥料等技术研发，开发标准化、规模化的现代养殖技术，推广农业面源污染和重金属污染防治的低成本技术和模式。

四是发展安全清洁高效的现代能源技术，推动能源生产和消费革命。突破煤炭石油天然气等化石能源的清洁高效利用技术瓶颈，开发深海深地等复杂条件下的油气矿产资源勘探开采技术，开展页岩气等非常规油气勘探开发综合技术示范。加快核能、太阳能、风能、生物质能等清洁能源和新能源技术开发、装备研制及大规模应用，攻克大规模供需互动、储能和并网关键技术。推动新能源汽车、智能电网等技术的研发应用。

五是发展资源高效利用和生态环保技术，建设资源节约型和环境友好型社会。建立大气重污染天气预警分析技术体系，发展高精度监控预测技术。建立城镇生活垃圾资源化利用、再生资源回收利用、工业固体废物综合利用等技术体系。完善环境技术管理体系，加强水、大气和土壤污染防治及危险废物处理处置、环境检测与环境应急技术的研发应用。

六是发展海洋和空间先进适用技术，培育海洋经济和空间经济。开发海洋资源高效可持续利用适用技术，加快发展海洋工程装备，构建立体同步的海洋观测体系，大力提升空间进入、利用的技术能力，推进卫星遥感、卫星通信、导航和位置服务等技术的开发应用。

七是发展智慧城市和数字社会技术，推动以人为本的新型城镇化。发展交通、电力、通信、地下管网等市政基础设施的标准化、数字化、智能化技术，推动绿色建筑、智慧城市、生态城市等领域关键技术大规模应用。加强重大灾害、公共安全等应急避险领域重大技术和产品攻关。

八是发展先进有效、安全便捷的健康技术，应对重大疾病和人口老龄化挑战。促进生命科学、中西医药、生物工程等多领域技术融合，研发创新药物、新型疫苗、先进医疗装备和生物治疗技术。促进组学和健康医疗大数据研究，发展精准医学，研发遗传基因和慢性病易感基因筛查技术，提高心脑血管疾病、恶性肿瘤、慢性呼吸性疾病、糖尿病等重大疾病的诊疗技术水平。开发数字化医疗、远程医疗技术。

九是发展引领产业变革的颠覆性技术，不断催生新产业、创造新就业。开发移动互联技术、量子信息技术、空天技术，推动增材制造装备、智能机器人、无人驾驶汽车等发展，重视基因组、干细胞、合成生物、再生医学等技术对生命科学、生物育种、工业生物领域的深刻影响，开发氢能、燃料电池等新一代能源技术，发挥纳米、石墨烯等技术对新材料产业发展的引领作用。

3. 战略保障

根据《国家创新驱动发展战略纲要》，实施创新驱动发展战略，必须从体制改革、环境营造、资源投入、扩大开放等方面加大保障力度。

一是改革创新治理体系。推动政府管理创新，形成多元参与、协同高效的创新治理格局。首先，建立国家高层次创新决策咨询机制,定期向党中央、国务院报告国内外科技创新动态,提出重大政策建议。转变政府创新管理职能,合理定位政府和市场功能。强化政府战略规划、政策制定、环境营造、公共服务、监督评估和重大任务实施等职能。建立创新治理的社会参与机制,发挥各类行业协会、基金会、科技社团等在推动创新驱动发展中的作用。其次,构建国家科技管理基础制度。再造科技计划管理体系,改进和优化国家科技计划管理流程,建设国家科技计划管理信息系统,构建覆盖全过程的监督和评估制度。完善国家科技报告制度,建立国家重大科研基础设施和科技基础条件平台开放共享制度,推动科技资源向各类创新主体开放。建立国家创新调查制度,引导各地树立创新发展导向。

二是多渠道增加创新投入。首先,切实加大对基础性、战略性和公益性研究稳定支持力度,完善稳定支持和竞争性支持相协调的机制。改革中央财政科技计划和资金管理,完善激励企业研发的普惠性政策,引导企业成为技术创新投入主体。其次,探索建立符合中国国情、适合科技创业企业发展的金融服务模式。鼓励银行业金融机构创新金融产品,拓展多层次资本市场支持创新的功能,积极发展天使投资,壮大创业投资规模,运用互联网金融支持创新。充分发挥科技成果转化、中小企业创新、新兴产业培育等方面基金的作用,引导带动社会资本投入创新。

三是全方位推进开放创新。首先,提高我国全球配置创新资源能力。支持企业面向全球布局创新网络,鼓励建立海外研发中心,按照国际规则并购、合资、参股国外创新型企业和研发机构,提高海外知识产权运营能力。以卫星、高铁、核能、超级计算机等为重点,推动我国先进技术和装备"走出去"。鼓励外商投资战略性新兴产业、高新技术产业、现代服务业,支持跨国公司在中国设立研发中心,实现引资、引智、引技相结合。其次,深入参与全球科技创新治理,主动设置全球性创新议题，积极参与重大国际科技合作规则制定，共同应对粮食安全、能源安全、环境污染、气候变化以及公共卫生等全球性挑战。丰富和深化创新对话，围绕落实"一带一路"战略构想和亚太互联互通蓝图，合作建设面向沿线国家的科技创新基地。积极参与和主导国际大科学计划和工程，提高国家科技计划对外开放水平。

四是完善突出创新导向的评价制度。第一，推进高校和科研院所分类评价，实施绩效评价，把技术转移和科研成果对经济社会的影响纳入评价指标，将评价结果作为财政科技经费支持的重要依据。第二，完善人才评价制度，进一步改革完善职称评审制度，增加用人单位评价自主权。第三，推行第三方评价，探索建立政府、社会组织、公众等多方参与的评价机制，拓展社会化、专业化、国际化评价渠道。第四，改革国家科技奖励制度，逐步由申报制改为提名制，强化对人的激励。第五，完善国民经济核算体系，逐步探索将反映创新活动的研发支出纳入投资统计，反映无形资产对经济的贡献，突出创新活动的投入和成效。

五是实施知识产权、标准、质量和品牌战略。首先，加快建设知识产权强国。深化知识产权领域改革，深入实施知识产权战略行动计划，引导支持市场主体创造和运用知识产权，以知识产权利益分享机制为纽带，促进创新成果知识产权化。健全防止滥用知识产权的反垄断审查制度，建立知识产权侵权国际调查和海外维权机制。其次，提升中国标准水平。强化基础通用标准研制，健全技术创新、专利保护与标准化互动支撑机制，及时将先进技术转化为标准。推动我国产业采用国际先进标准，强化强制性标准制定与实施。支持我国企业、联盟和社团参与或主导国际标准研制，推动我国优势技术与标准成为国际标准。最后，推动质量强国和中国品牌建设。完善质量诚信体系，制定品牌评价国际标准，建立国际互认的品牌评价体系，推动中国优质品牌国际化。

六是培育创新友好的社会环境。首先，健全保护创新的法治环境。加快创新薄弱环节和领域的立法进程，修改不符合创新导向的法规文件，废除制约创新的制度规定，构建综合配套精细化的法治保障体系。其次，培育开放公平的市场环境。加快突破行业垄断和市场分割。强化需求侧创新政策的引导作用，建立符合国际规则的政府采购制度，利用首台套订购、普惠性财税和保险等政策手段，降低企业创新成本，扩大创新产品和服务的市场空间。推进要素价格形成机制的市场化改革，强化能源资源、生态环境等方面的刚性约束，提高科技和人才等创新要素在产品价格中的权重。最后，倡导百家争鸣、尊重科学家个性的学术文化，增强敢为人先、勇于冒尖、大胆质疑的创新自信。重视科研试错探索价值，建立鼓励创新、宽容失败的容错纠错机制。营造宽松的科研氛围，保障科技人员的学术自由。加强科研诚信建设，加强科学教育，丰富科学教育教学内容和形式，激发青少年的科技兴趣。加强科学技术普及，提高全民科学素养，在全社会塑造科学理性精神。

（二）科技计划体系

2008年，国务院机构改革工作落实，科技部被赋予了科技工作统筹协调的管理职能。2014年，我国进行了新一轮的科技体制改革。2015年，国家科技计划管理部暨联席会议制度被批准成立，统筹管理的特点更加凸显。2017年，经过3年的改革过渡，我国科技体制顶层设计取得决定性进展。与改革前相比，国家目标导向的科技计划更加有效地瞄准重点领域、聚焦重大任务，全链条创新设计一体化组织实施，立项门槛明显提高，数量大幅减少，资助力度显著增强。

经过3年的改革过渡期，我国科技体制顶层设计获得决定性进展。目前，由"一个制度、三根支柱、一套系统"构成的新的国家科技计划管理体系基本成形。近百项科技计划优化整合，管理平台顺利搭建。整合之后形成国家自然科学基金、国家科技重大专项、国家重点研发计划、技术创新引导专项（基金）、基地和人才专项五类科技计划（专项、基金等）。

国家自然科学基金的定位是资助基础研究和科学前沿探索，支持人才和团队建设，增强源头创新能力。

国家科技重大专项定位是聚焦国家重大战略产品和重大产业化目标，发挥举国体制的优势，在设定时限内进行集成式协同攻关。

国家重点研发计划的定位是针对事关国计民生的农业、能源资源、生态环境、健康等领域中需要长期演进的重大社会公益性研究，以及事关产业核心竞争力、整体自主创新能力和国家安全的战略性、基础性、前瞻性重大科学问题、重大共性关键技术和产品、重大国际科技合作，按照重点专项组织实施，加强跨部门、跨行业、跨区域研发布局和协同创新，为国民经济和社会发展主要领域提供持续性的支撑和引领。

技术创新引导专项（基金）的定位是通过风险补偿、后补助、创投引导等方式发挥财政资金的杠杆作用，运用市场机制引导和支持技术创新活动，促进科技成果转移转化和资本化、产业化。

基地和人才专项的定位是优化布局，支持科技创新基地建设和能力提升，促进科技资源开放共享，支持创新人才和优秀团队的科研工作，提高我国科技创新的条件保障能力。

（三）人工智能政策措施

1. 密切结合新一代信息技术，推动"人工智能+"

2016年，国家相继出台多项政策文件，支持人工智能的发展。具体来看，《"互联网+"人工智能三年行动实施方案》指出要加快发展"互联网+"新模式新业态，推进计算机视觉、智能语音处理、生物特征识别、自然语言理解、智能决策控制以及新型人机交互等关键技术的研发和产业化，加快人工智能技术在家居、汽车、无人系统、安防等领域的推广应用，提升工业机器人、特种机器人、服务机器人等智能机器人的技术与应用水平。《"十三五"国家科技创新规划》明确把人工智能作为发展新一代信息技术的主要方向，大力推动智能感知与认知、虚实融合与自然交互、语义理解和智慧决策、云端融合交互和可穿戴等技术研发及应用。《"十三五"国家战略性新兴产业发展规划》提出要培育人工智能产业生态，推动基础理论研究和核心技术开发，实现类人神经计算芯片、智能机器人和智能应用系统的产业化，将人工智能新技术嵌入各领域。2017年，工信部发布了《促进新一代人工智能产业发展三年行动计划（2018—2020年）》，具体在人工智能重点产品、核心基础能力、智能制造、产业支撑体系四大方面提出相应的行动目标，力争到2020年，在人工智能产品发展上取得重要突破，进一步促进人工智能和实体经济的融合，优化产业发展环境。在此背景下，2018年，工信部相继发布《人工智能与实体经济深度融合创新项目申报方案》《新一代人工智能产业创新重点任务揭榜工作方案》，支持人工智能产品、平台和服务的发展。总的来看，中国人工智能政策更多结合互联网、新一代信息技术等领域，重点从产业发展的角度布局人工智能，深入推进人工智能与实体经济的融合。

2. 将发展人工智能上升到国家战略

2017年，国务院颁布《新一代人工智能发展规划》（以下简称《发展规划》），这是中国在人工智能领域进行的第一个系统部署文件，也标志着中国将发展人工智能上升到了国家战略层面。《发展规划》确立了人工智能发展的三步走战略目标，第一步，到2020年人工智能总体技术和应用与世界先进水平同步，人工智能产业成为新的重要经济增长点，人工智能技术应用成为改善民生的新途径；第二步，到2025年人工智能基础理论实现重大突破，部分技术与应用达到世界领先水平，人工智能成为带动我国产业升级和经济转型的主要动力，智能社会建设取得积极进展；第三步，到2030年人工智能理论、技术与应用总体达到世界领先水平，成为世界主要人工智能创新中心。在此基础上，中国提出了构建开放协同的人工智能科技创新体系、培育高端高效的智能经济、建设安全便捷的智能社会、加强人工智能领域军民融合、构建泛在安全高效的智能化基础设施体系、前瞻布局新一代人工智能重大科技项目六大重点任务。

3. 支持创新发展试验区和创新平台的建设

2019年，科技部印发《国家新一代人工智能创新发展试验区建设工作指引》《国家新一代人工智能开放创新平台建设工作指引》，在创新发展试验区建设方面，提出要依托地方开展人工智能技术示范、政策试验和社会实验。到2023年，布局建设20个左右的试验区，创新一批切实有效的政策工具，形成一批人工智能与经济社会发展深度融合的典型模式，打造一批具有重大引领带动作用的人工智能创新高地。截至目前，国家已同意并支持北京、上海、杭州、合肥、深圳、天津、浙江德清县、成都、济南、西安、重庆、广州、武汉建设国家新一代人工智能创新发展试验区。在创新平台建设方面，提出聚焦人工智能重点细分领域，充分发挥行业领军企业、研究机构的引领示范作用，有效整合技术资源、产业链资源和金融资源，打造具备人工智能核心研发能力和服务能力的开放创新平台。鼓励各类通用软件和技术的开源开放，支撑全社会创新创业人员、团队和中小微企业投身人工智能技术研发，促进人工智能技术成果的扩散与转化应用。可以看到，2019年，国家聚焦创新载体建设，在人工智能创新发展试验区和创新平台建设进行重点布局，将更好地发挥试验区的示范引领作用，发挥创新平台的技术研发、资源共享、孵化企业等功能，进一步激发创新活力，推动人工智能向纵深发展。

4. 从基础研究、关键技术研发、产业发展等系统推进

相较于美国，中国的人工智能规划更注重细节化、全面化和应用化，涵盖从技术科研立项到培育高端高效的智能经济再到建设安全便捷的智能社会各个方面，分别从产品、企业和产业层面分层次落实发展任务，对人工智能进行系统布局，力图实现人工智能产业的全面发展①。从技术研发布局来看，中国组织实施新一代人工智能重大科技项目，聚焦基础理论和关键共性技术开展研究②，同时也在人工智能交叉学科研究方面给予支持。近年来，新一代人工智能重大项目重点在人工智能基础理论、关键共性技术、新型感知与智能芯片、人工智能提高经济社会发展水平创新应用四个技术方向进行布局。从应用领域来看，中国推动人工智能融入社会经济发展的各个方面，重点在智能制造、智能农业、智能物流、智能金融、智能家居、智能教育、智能医疗、智能养老等领域实现应用，期望人工智能成为促进产业变革和经济转型升级的重要驱动力，可以说应用落地是中国人工智能发展的重心所在③。

（四）干细胞政策措施

1. 实施"干细胞及转化研究"重点专项

《国家中长期科技发展规划纲要（2006—2020年）》提出，重点研究治疗性克隆技术，干细胞体外建系和定向诱导技术，人体结构组织体外构建与规模化生产技术，人体多细胞复杂结构组织构建与缺损修复技术和生物制造技术。《"十三五"国家科技创新规划》提出要重点部署包括干细胞与再生医学在内的

---

① 国务院发展研究中心国际技术经济研究所、中国电子学会、智慧芽：《人工智能全球格局》，中国人民大学出版社2019年版。
② 清华大学中国科技政策研究中心：《中国人工智能发展报告2018》。
③ 同上。

新型生物医药技术等任务,提高生物技术原创水平。此后,《"十三五"国家基础研究专项规划》《"十三五"生物科技创新专项规划》《"十三五"健康产业科技创新专项规划》等都将干细胞列为重点发展领域。

从2016年开始,国家重点研发计划设立"干细胞及转化研究"专项,重点支持以下八个方面的研究任务:一是多能干细胞建立与干性维持;二是组织干细胞获得、功能和调控;三是干细胞定向分化及细胞转分化;四是干细胞移植后体内功能建立与调控;五是基于干细胞的组织和器官功能再造;六是干细胞资源库;七是利用动物模型的干细胞临床前评估;八是干细胞临床研究。截至2019年底,该重点专项已连续4年获得中央财政拨款扶持,总计23.8亿元,历年资助情况见表2-2。

表2-2 2016—2019年"干细胞及转化研究"重点专项资助情况

年份	项目数量(个)	项目经费(亿元)
2016	25	4.88
2017	43	9.40
2018	30	5.85
2019	22	3.67

2. 加快关键技术研究和转化

《促进健康产业高质量发展行动纲要(2019—2022年)》提出,要增强科研立项、临床试验、准入、监管等政策的连续性和协同性,加快干细胞与再生医学等关键技术研究和转化。同时提出,对临床急需的新药和罕见病用药予以优先审评审批;改革药品临床试验审评模式,推进由明示许可制改为到期默认制,提高临床申请审评效率;将拥有产品核心技术发明专利、具有重大临床价值的创新医疗器械注册申请列入特殊审评审批范围,予以优先办理等。总的来看,这些优先办理、提高审评效率的措施将加快干细胞关键技术的研发与转化。

3. 规范干细胞临床研究

2007—2012年，中国将干细胞疗法作为"医疗手段"而非"药物"来监管，国内出现了大量未经严格临床验证的干细胞临床治疗，甚至吸引了许多海外人员来华进行干细胞治疗，在国内外造成了较大的负面影响。2012年1月，卫生部叫停中国境内所有的干细胞治疗，2004—2012年药监局受理的10项干细胞新药注册申请全部被清零。2015年7月，国家卫生计生委、国家食药监总局出台《干细胞临床研究管理办法（试行）》。该办法是自2012年国内干细胞治疗的全面叫停后首次以国家法规的形式通过8大章节55条细则制定的干细胞临床治疗的前期化标准，规范干细胞临床研究，保障干细胞临床研究健康、有序发展。2018年6月，国家药监局重新受理了干细胞疗法的临床注册申请，重启了中国干细胞治疗在临床上的应用。

4. 规范干细胞制剂研究与生产

2015年7月，中国出台《干细胞制剂质量控制及临床前研究指导原则（试行）》，规范了干细胞的采集、分离及干细胞的建立、干细胞制剂的制备、检验及质量研究。2017年11月，出台《干细胞通用要求》，围绕干细胞制剂的安全性、有效性及稳定性等关键问题，建立了干细胞的供者筛查，组织采集，细胞分离、培养、冻存、复苏、运输及检测等的通用要求。该标准是首个针对干细胞通用要求的规范性文件，将在规范干细胞行业发展、保障受试者权益、促进干细胞转化研究等方面发挥重要作用。

第三章　国内主要城市科技创新战略与政策

一　北京

(一) 科技创新战略

国务院 2016 年印发的《北京加强全国科技创新中心建设总体方案》，明确指出北京全国科技创新中心的定位是全球科技创新引领者、高端经济增长极、创新人才首选地、文化创新先行区和生态建设示范城。与此同时，还提出了北京建设全国科技创新中心的发展目标与重点任务。

1. 发展目标

北京建设全国科技创新中心的发展目标是：第一步，到 2017 年，科技创新动力、活力和能力明显增强，科技创新质量实现新跨越，开放创新、创业生态引领全国，北京全国科技创新中心建设初具规模。第二步，到 2020 年，北京全国科技创新中心的核心功能进一步强化，科技创新体系更加完善，科技创新能力引领全国，形成全国高端引领型产业研发集聚区、创新驱动发展示范区和京津冀协同创新共同体的核心支撑区，成为具有全球影响力的科技创新中心，支撑我国进入创新型国家行列。第三步，到 2030 年，北京全国科技创新中心的核心功能更加优化，成为全球创新网络的重要力量，成为引领世界创新的新引擎，为我国跻身创新型国家前列提供有力支撑。

2. 重点任务

《北京加强全国科技创新中心建设总体方案》（以下简称《方案》）提出了北京全国科技创新中心建设的重点任务。一是强化原始创新，打造世界知名科学中心。统筹推进中关村科学城、怀柔科学城、未来科技城建设，超前部署基础前沿研究，集中力量实施脑科学、量子计算与量子通信、纳米科学等大科学计划，引领我国前沿领域关键科学问题研究。瞄准国际科技前沿，以国家目标和战略需求为导向，整合优势力量，在明确定位和优化布局的基础上，建设一批重大科研创新基地。围绕国家应用基础研究领域部署，加强对信息科学、基础材料、生物医学与人类健康、农业生物遗传、环境系统与控制、能源等领域的支撑，取得一批具有全球影响力的重大基础研究成果，引领国际产业发展方向。加强基础研究人才队伍培养，建设世界一流高等学校和科研院所。二是加快技术创新，构建"高精尖"经济结构。实施技术创新跨越工程，以智能制造、生物医药、集成电路、新型显示、现代种业、移动互联、航空航天、绿色制造等领域为重点，依托优势企业、高等学校和科研院所，建设一批对重点领域技术创新发挥核心引领作用的国家技术创新中心，夯实重点产业技术创新能力，促进创新成果全民共享。三是推进协同创新，培育世界级创新型城市群。优化首都科技创新布局，构建京津冀协同创新共同体，引领服务全国创新发展。四是坚持开放创新，构筑开放创新高地。集聚全球高端创新资源，提升开放创新水平，使北京成为全球科技创新的引领者和创新网络的重要节点。五是推进全面创新改革，优化创新创业环境。推进人才发展体制机制改革，完善创新创业服务体系，加快国家科技金融中心建设，健全技术创新市场导向机制，推动政府创新治理现代化，加快央地协同改革创新，持续引领大众创业、万众创新浪潮。

（二）科技计划安排

为深入贯彻落实《国务院印发关于深化中央财政科技计划（专项、基金等）管理改革方案的通知》（国发〔2014〕64号）精神，切实加强财政科技计划（专项、基金等）管理，不断提升财政科技资金使用效益，北京市人民政府办公厅于2016年11月制定并印发《北京市深化市级财政科技计划（专项、基金等）管理改革实施方案》，自2017年1月1日起实施。《北京市深化市级财政科技计划（专项、基金等）管理改革实施方案》提出，将本市各项目主管部门管理的科技计划（专项、基金等）整合为北京市自然科学基金、北京市科技重大专项、北京市重点研发计划、北京市科技创新引导专项（基金）、北京市基地建设和人才培养专项五个类别，形成各有侧重、相互协同的分类管理格局。整体来看，北京市科技计划体系呈现以下特征：

1. 基础研究与技术研究开发并重模式

2018年，北京市科学技术委员会科学技术支出预算共37.21亿元。其中，技术研究与开发11.17亿元，占30.01%；基础研究10.91亿元，占29.31%。北京市呈现基础研究与技术研究开发并重的局面，两项支出占预算总数近六成。其中，基础研究主要用于2018年度北京市自然科学基金、北京国际光电子科学与技术研究院建设、北京生命科学研究所运行经费、怀柔科学城科技创新、北京量子信息科学研究院筹建"脑科学与类脑研究北方科学中心"地方配套、北京量子信息科学研究院筹建、前沿新材料研究、智能网联驾驶关键技术研究及测试示范、生命科学前沿创新培育等项目。技术研究开发主要用于G20工程医药产业创新研发项目、企业技术创新平台建设项目、高科技企业培育项目、能源领域技术协同创新、北京市科技新星计划、首都蓝天行动培育项目、北京市高新技术成果转化项目认定政策落实、北京（全国）水环境创新中心建设、北京协同创新研究院实施经费等项目。整体来看，北京市科技计划体系是基础研究与技术研究开发并重的模式。

2. 自然科学基金有力引导基础研究方向

北京市自然科学基金包括研究项目（重点研究专题项目、重点项目①、面上项目等）、合作项目、人才项目（青年科学基金项目、杰出青年科学基金项目等）三个类别。

重点研究专题项目每年发布主要支持学科及优先资助方向。2019年度重点研究专题项目优先支持数学、物理、生命科学三个学科中的流形的几何拓扑结构、图像与信号中的数学方法、人工智能的数学理论与基础等十三个前沿研究方向。

面上项目②是北京市自然科学基金资助项目的主要部分，主要资助科技人员在项目指南（《2016—2020年度北京市自然科学基金面上项目指南（修订版）》）范围内自主选题，开展创新性的科学技术研究。面上项目指南以服务全国科技创新中心建设、构建首都高精尖经济结构为导向，优先发展化学与材料、工程、信息等学科，重点发展医药、城建与环境等学科，鼓励发展数理、生物、农业、管理等学科，在优先发展学科和重点发展学科内设置优先资助方向。面上项目的资助将向符合优先资助方向的优秀项目倾斜。

合作项目中，各类型项目也发布对应的选题范围。例如，北京市自然科学基金——海淀原始创新联合基金项目2019年主要资助计算机视觉、无线通信、疫苗和流行病学、智慧骨科四个领域重点研究专题及前沿研究项目。

人才项目中，青年科学基金项目③可在资助范围内自主选题

---

① 自2019年起，重点项目整合至重点研究专题项目。
② 面上项目平均资助强度20万元/项，研究年限为2—3年。
③ 青年科学基金项目平均资助强度10万元/项，研究年限不超过2年。

（不受项目指南限制）。杰出青年科学基金项目[①]资助北京地区在基础研究方面已取得较好成绩的青年学者，有效利用国际科技资源，组成紧密合作的研究团队，围绕新材料、新一代信息技术、人工智能、集成电路、智能装备制造、医药健康、节能环保、新能源智能汽车等领域中关键科学问题，开展实质性国际合作，开展创新研究。

北京市自然科学基金在重点研究专题项目、面上项目、合作项目、杰出青年科学基金等项目上都有较为明确的优先资助方向，以此对基础研究方向形成有力的引导，切实为全国科技创新中心建设提供源头创新支撑。

3. 构建覆盖科技创新全过程的"大统筹"机制

《方案》提出，按照北京市自然科学基金、北京市科技重大专项、北京市重点研发计划、北京市科技创新引导专项（基金）、北京市基地建设和人才培养专项五个类别，通过撤、并、转等方式，对实行公开竞争方式的科技计划（专项、基金等）进行优化整合。首批将市科委、市卫生计生委、市知识产权局、市农业局、中关村管委会、北京市科学技术研究院、北京市农林科学院的科技计划（专项、基金等）纳入优化整合范畴，并在此基础上逐步扩大到重点产业的科技创新领域，推进构建覆盖科技创新全过程的"大统筹"机制。对实行稳定支持的专项资金，原则上仍按原渠道管理使用，由联席会议审定管理级次和模式[②]。

4. 科技攻关聚焦生物医药、新一代移动通信、数字化制造等领域

整体来看，北京市基础研究优先支持化学与材料、工程、信息学科、数学、物理、生命科学等学科；科技攻关主要聚焦

---

① 杰出青年科学基金项目平均资助强度100万元/项，研究年限不超过3年。
② 资料来源：《国家和北京市科技体系——五大类科技计划》，手机搜狐网（https://m.sohu.com/a/154847702_744387）。

脑科学、生物医药与生命科学、临床医学、新一代移动通信技术、数字化制造技术、轨道交通技术、新能源、新能源汽车、新材料、科技冬奥、"设计之都"等领域；民生科技聚焦重大疾病科技攻关、首都食品质量安全保障、首都蓝天行动培育、生物燃气及循环农业科技、城市精细化管理与应急保障、资源环境与可持续发展等领域。

5. 通过高企培育、成果转化、海外布局引导企业创新

北京市科技计划体系主要通过高新技术企业培育、高新技术成果转化项目、企业走出去海外布局三类项目引导企业创新。高新技术企业培育对出库、入库企业进行资助。高新技术成果转化项目重点支持企业承接医药健康、人工智能、新能源智能汽车、新材料、集成电路、智能装备、新一代信息技术等领域的高新技术成果转化项目。企业走出去海外布局项目主要支持新一代信息技术、集成电路、医药健康、智能装备、节能环保、新能源智能汽车、新材料、人工智能、软件和信息服务及科技服务业等企业设立海外机构进行研发投入。

6. 开展联合研发、大科学计划、联合实验室等对外科技合作

2019年，北京市国（境）外科技合作项目包含联合研发课题、港澳台联合研发课题、国际大科学计划和大科学工程培育、联合实验室和研发中心、企业走出去海外布局五个类别项目。具体来看，联合研发优先支持人工智能、机器人、智能装备、新能源汽车、生物医药、生命科学、节能环保等领域关键技术环节的合作研发。国际大科学计划和大科学工程培育优先支持在空间天文、物质科学、生物与健康、地球系统与环境气候变化等领域牵头发起国际大科学计划和大科学工程。联合实验室和研发中心优先支持在物质科学、生命科学、人工智能、集成电路、工业互联网等重点领域布局联合实验室和研发中心。企业走出去海外布局企业走出去海外布局项目主要支持新一代信

息技术、集成电路、医药健康、智能装备、节能环保、新能源智能汽车、新材料、人工智能、软件和信息服务及科技服务业等企业设立的海外机构开展科技创新活动，促进技术、标准、产品等"走出去"。

（三）人工智能政策措施

1. 重视基础理论研究，重点推动算法、硬件、感知识别等技术攻关

2017年，北京印发《加快科技创新培育人工智能产业的指导意见》（以下简称《指导意见》），从建立创新体系、打造产业集群、加快融合应用、夯实产业发展基础四大方面，部署了推进人工智能产业发展的主要任务。提出要强化新一代人工智能基础理论研究，围绕原始创新，加强大数据智能、跨媒体感知计算、人机混合智能、群体智能、自主协同与决策等应用基础理论研究，前瞻布局高级机器学习、类脑智能计算、量子智能计算等前沿基础理论研究。从科技计划来看，2020年度北京市自然科学基金重点研究专题和2021年度面上项目均对人工智能领域进行布局。涉及数学、信息科学、生命科学等多个学科①，主要包括智能控制、无人自主系统的环境感知与智能控制、自然语言处理与人机交互、大数据智能等方向。在技术布局方面，《指导意见》也提出了北京人工智能关键核心技术布局的基本思路，即以算法为核心，以数据和硬件为基础，以提升感知识别、知识计算、认知推理、人机交互能力为重点，重点推动人工智能芯片与系统、自然语言与语音处理技术、知识计

---

① 重点研究专题优先资助方向包括人工智能的数学理论与基础、人工智能应用于医学诊疗与检测的基础研究；面上项目优先资助方向包括面向任务驱动的智能控制理论与方法、面向无人自主系统的环境感知与智能控制方法、人机共融的机器人系统理论与方法、面向人工智能的集成电路芯片设计与实现；鼓励研究方向包括大数据与人工智能的数学理论，面向大数据、人工智能的新型计算体系结构，自然语言处理与人机交互技术，大数据智能、跨媒体感知计算等人工智能理论研究。

算引擎与知识服务技术、跨媒体分析推理技术、群体智能技术、混合增强智能新架构与新技术、智能自主无人系统等前沿核心技术攻关。

2. 发布"智源行动计划",组织开展跨学科、大协同的创新攻关

2018年,北京发布"智源行动计划"(以下简称"行动计划"),该计划是在科技部和北京市政府的指导和支持下,由政府部门、企业、高校、院所等共同提出,旨在支持科学家勇闯人工智能科技前沿"无人区",推动人工智能理论、方法、工具、系统等方面取得变革性、颠覆性突破,推动北京成为全球人工智能学术思想、基础理论、顶尖人才、企业创新和发展政策的源头。具体来看,"行动计划"重点开展四项任务。一是以共享数据、智能计算编程框架和算力基础设施为核心,推动算法开源,构建创新生态,打造北京智源开放服务平台。二是以人工智能领域的国家和省部级科技创新基地或独立实验室为单位,共建北京智源联合实验室,组织研究团队开展跨学科、大协同的创新攻关。三是汇聚本市人工智能领域基础研究创新资源,引进和培养有全球影响力的人工智能顶尖人才团队。四是加强产学研合作,举办全球人工智能峰会,将北京打造成为连接世界人工智能产业与学术资源的中心枢纽。根据"行动计划",北京大学、清华大学、中国科学院、百度、小米、字节跳动、美团、旷视科技等北京人工智能领域优势单位共建了北京智源人工智能研究院。当前,研究院发布了"智源学者计划""智源新星计划",试点科技经费实行"包干制",赋予领衔科学家人财物支配权、技术路线决策权。此外,还联合旷视科技、京东分别建立了北京智源—旷视智能模型设计与图像感知联合实验室、北京智源—京东跨媒体对话智能联合实验室。总的来看,"行动计划"最大的特征在于它是在政府部门的有效引导下形成的凝聚各方智慧的行动方案,可以说为北京人工智能发展

打造了融合开放的创新生态，有利于充分调动当地高校、科研院所、企业的积极性，整合创新资源、发挥创新优势，集中力量攻克人工智能领域重大核心基础理论和技术难题。

3. 加强公共数据开放，构建人工智能产业发展良好生态

2019年，北京印发《关于通过公共数据开放促进人工智能产业发展的工作方案》，提出了三大方面的重点措施。在公共数据开放方面，提出实施分级分类管理，深入推进一般公共数据无条件开放，为人工智能产业发展提供普惠数据供给。与此同时，建设公共数据开放创新基地，通过应用竞赛、授权开放等特定方式面向人工智能企业有条件开放数据。在推动应用方面，提出支持引导在金融服务、智慧教育、医疗健康、自动驾驶、公园景区等公共服务领域以及市民服务热线、医保监管、智能交管等城市管理领域开展人工智能应用。在构建人工智能生态体系方面，一是引导硬件、算法、应用等各方组建人工智能生态联盟；二是搭建生态实验室，构建以国产自主核心芯片为基础的人工智能底层硬件平台，建设深度学习公共算力平台；三是建立人工智能企业知识产权申请绿色通道，支持专利快速确权与维权，强化行业知识产权保护。近年来，大数据为深度学习算法提供了海量的训练数据，促进了人工智能技术的快速发展。可以看到，北京积极在公共数据开放、大数据应用场景、人工智能生态体系构建等方面重点发力，将有效推动人工智能和大数据的融合创新，进一步释放大数据红利，发挥大数据应用场景对人工智能产业的牵引带动作用，促进人工智能产业的加速发展。

4. 加强布局基础前沿研究，优化创新生态

2019年，北京国家新一代人工智能创新发展试验区成立，成为我国首个国家新一代人工智能创新发展试验区，标志着北京在推动人工智能产业发展上迈出了新的步伐。根据部署，试验区一方面充分发挥北京在人工智能领域国内顶尖研究机构众

多、专家团队聚集等优势，加大人工智能研发部署力度，强化原始创新，加强布局基础前沿研究，扩大应用示范，突出高端引领作用。另一方面以体制机制创新为突破口，在政策法规、伦理规范、人才培育引进、数据开放共享等方面进行探索，完善和建立有利于人工智能健康发展的政策措施、安全伦理和法律法规，构建政、产、学、研、金、用一体的协同创新体系，构建有利于人工智能原始创新和健康发展的体制机制，持续优化人工智能发展的创新生态，探索人工智能创新发展新模式、新思路[1]。可以看到，北京在国家人工智能发展战略布局中占据着重要地位，以此为契机，在人工智能理论、技术和应用等方面取得一批国际领先的成果，形成一批可复制、可推广的经验和做法，发挥在推动京津冀协同发展、示范带动全国人工智能创新发展方面的重要作用，打造全球人工智能技术创新策源地。

（四）干细胞政策措施

1. 基础领域聚焦干细胞发育与分化，前沿领域聚焦基于干细胞的人体组织工程技术

《北京市中长期科学和技术发展规划纲要（2008—2020年）》将干细胞与组织工程列为重点前沿技术，提出重点研究维持胚胎干细胞全能性及定向分化机制、发现肿瘤干细胞的分子标志物、基于干细胞的组织工程新理论和新方法、干细胞体外建系和定向诱导技术、人体组织体外购件与规模化生产技术等。《北京市"十三五"时期加强全国科技创新中心建设规划》将干细胞发育与分化列为需求导向的重点基础研究方向，将基于干细胞的人体组织工程技术列为重点前沿技术研究方向。《北京市加快医药健康协同创新行动计划（2018—2020年）》提出，重点支持干细胞与再生医学等基础研究。从北京市科技计划对

---

[1] 《北京国家新一代人工智能创新发展试验区正式成立》，2019年2月，人民网（http://bj.people.com.cn/n2/2019/0220/c349239-32662642.html）。

干细胞技术的支持来看，2016—2020 年，北京市自然科学基金面上项目持续资助干细胞的干性维持及谱系发育领域的研究，重点研究专题重点资助基因编辑与干细胞等新技术应用于医学领域的基础研究；"生命科学领域前沿技术培育"专项重点支持干细胞与组织工程方向研究；"干细胞与再生医学研究"专项重点支持组织原位再生、临床级干细胞与质量控制、临床研究等；首都卫生发展科研专项重点资助造血干细胞移植相关研究以及口腔疾病干细胞治疗研究。总的来看，北京干细胞领域布局在基础领域聚焦干细胞发育与分化，前沿领域聚焦基于干细胞的人体组织工程技术。

2. 规范干细胞临床研究

干细胞是一种活细胞制剂，其制备需要完善的管理体系。医疗机构主要采用两种模式开展干细胞临床研究，一是由医疗机构自行制备干细胞制剂；二是与制备机构合作，由合作机构提供干细胞制剂。2018 年 11 月，北京出台《医疗机构合作开展干细胞临床研究干细胞制剂院内治疗管理指南》，规范了干细胞制剂制备机构评估以及干细胞制剂的院内质量管理，规定在开展合作研究前，医疗机构应全面考察制备机构的质量管理体系，并在合作中对其干细胞制剂制备质量管理体系运行情况进行持续评估；医疗机构干细胞临床研究质量保证部门应根据干细胞制剂到达医疗机构时的状态、是否需要操作以及操作的复杂程度等，采取相应的院内质量控制措施，包括制定操作规程及标准，明确干细胞制剂的接收、操作、暂存、检验、放行及其留样均应有记录，保证干细胞制剂的质量可控和可追溯。《医疗机构合作开展干细胞临床研究干细胞制剂院内治疗管理指南》的出台规范了北京市干细胞临床研究。

3. 规范研究型病房建设

2019 年 10 月，北京出台《北京市关于加强研究型病房建设的意见》，提出在具有药物和医疗器械临床试验资格的医院，优化研究型病房的空间布局、基础设施设备、临床研究能力和支撑保障条件等,择优率先实施研究型病房建设项目。逐步将研究型病房建设成为医务人员开展药品和医疗器械的临床试验、生物医学新技术的临床应用观察的主要场所,成为新技术、新方法和新方案的策源地,引导具有实力的医院向研究型、创新型方向发展,形成医疗卫生服务与科学研究并重的发展格局。在完善研究型病房支撑服务体系方面,提出健全研究型病房质量控制和风险防范体系;成立北京市临床研究专家委员会,制定信息化建设和管理规范标准,建立全市统一的临床研究管理和服务平台,促进信息透明对称和资源开放共享;成立伦理审查联盟和区域伦理委员会,逐步建立医院间和区域内的伦理审查结果互认机制;建立受试者招募合作联盟,提升临床研究受试者的招募效率和质量;北京重大疾病临床数据和样本资源库支持研究型病房的样本库建设,享受首都科技条件平台相关激励政策;积极推动商业保险公司设立临床研究责任险,促进临床研究平稳健康发展。在推动科技成果转化方面,提出多渠道资助引导研究型病房与高校、科研机构、高新技术企业和技术转移机构等联合开展药品和医疗器械研发、生命科学前沿技术的基础和临床研究、人工智能和医学大数据的开发和利用等转化研究。北京建设标准化、规范化的研究型病房,全面提升了新药、新医疗器械及新技术的临床研究和转化应用能力。

二 上海

(一)科技创新战略

2016年,国务院批准《上海系统推进全面创新改革试验加快建设具有全球影响力的科技创新中心方案》,上海加快建设具有全球影响力的科技创新中心。

1. 战略目标与任务

根据《上海系统推进全面创新改革试验加快建设具有全球影响力的科技创新中心方案》，2020年前，上海要形成具有全球影响力的科技创新中心的基本框架体系；到2030年，着力形成具有全球影响力的科技创新中心的核心功能，驱动创新发展走在全国前头、走到世界前列。最终要全面建成具有全球影响力的科技创新中心，成为与我国经济科技实力和综合国力相匹配的全球创新城市。总的来看，要将上海建设成为创新主体活跃、创新人才集聚、创新能力突出、创新生态优良的综合性、开放型、具有全球影响力的科技创新中心，成为科技创新重要策源地、自主创新战略高地和全球创新网络重要枢纽，为我国建设世界科技强国提供重要支撑。

上海建设具有全球影响力的科技创新中心的主要任务为重点建设一个大科学设施相对集中、科研环境自由开放、运行机制灵活有效的综合性国家科学中心，打造若干面向行业关键共性技术、促进成果转化的研发和转化平台，实施一批能填补国内空白、解决国家"卡脖子"瓶颈的重大战略项目和基础工程，营造激发全社会创新创业活力和动力的环境，形成大众创业、万众创新的局面。

2. 建设关键共性技术研发平台

在信息技术领域，提升上海集成电路研发中心能级，打造我国技术最先进、辐射能力最强的世界级集成电路共性技术平台，为自主芯片制造提供技术支撑，为国产设备及材料提供验证环境；建设上海微技术工业研究院，形成全球化的微机电系统（MEMS）及先进传感器技术创新网络，发展特色工艺，突破传感器中枢、融合算法、微能源等共性技术，并在物联网领域探索创新应用模式；建设微电子示范学院和微纳电子混合集成技术研发中心，研究硅集成电路技术与非硅材料的融合，开发新型微纳电子材料和器件共性技术；发展数字电视国家工程研究中心，建成面向全球的数字电视标准制定和共性技术研发的未来媒体网络协同创新中心，探索向整机制造商收取合理费用、促进技术标准持续开发升级的市场化运作模式。推动大数据与社会治理深度融合，不断推进社会治理创新，提升维护公共安全、建设平安中国的能力水平。

在生命科学领域，建设创新药物综合研发平台，攻克治疗恶性肿瘤、心脑血管疾病、神经精神系统疾病、代谢性疾病、自身免疫性疾病等领域创新药物关键技术；建设精准医疗研发与示范应用平台。开展转化医学和精准医疗前沿基础研究，建立百万例级人群（跟踪）队列和生物信息数据库。

在高端装备领域，建立面向全国的燃气轮机与航空发动机研发平台，形成重型燃气轮机和民用航空发动机设计、关键系统部件研制、总装集成的能力；建设智能型新能源汽车协同创新中心，提升新能源汽车及动力系统国家工程实验室技术服务能级，打造磁悬浮交通、轨道交通等领域关键共性技术研发平台。突破智能汽车所需的定位导航、辅助驾驶、语音识别等共性技术，开发新能源汽车整车及动力系统集成与匹配、控制等关键技术；开展大型商用压水堆和第四代核电研发及工程设计研究，开发钍基熔盐堆材料、装备、部件等制造技术，以及仿真装置和实验装置工程设计技术。建设微小卫星创新平台。开展海上小型核能海水淡化和供电平台研究。加强机器人产品整机开发和关键零部件研制，提升机器人检测和评定服务水平，形成机器人整机和关键零部件设计、制造和检测服务能力。建设嵌入式控制系统开发服务平台，提升工业智能控制系统技术水平和开发效率。

3. 实施重大战略项目和基础工程

在信息技术领域，开发中央处理器（CPU）、控制器、图像处理器等高端芯片设计技术。加快实现12英寸芯片制造先进工艺水平产品量产，开发集成电路装备和材料，建设国内首条8

英寸 MEMS 及先进传感器研发线。打造面向第五代移动通信技术（5G）应用的物联网试验网。布局下一代新型显示技术，研制中小尺寸显示产品并实现量产。开发云计算关键技术，开发一批有国际影响力的大数据分析软件产品。

在生物医药领域，开发满足临床治疗需求的原创新药，实现若干个1.1类新药上市。以攻克严重危害人类健康的多发病、慢性病以及疑难重病为目标，开展致病机制和预防、诊断、治疗、康复等方面技术的联合攻关，在基因诊断和治疗、肿瘤定向治疗、细胞治疗、再生医疗、个性化药物等领域开展个性化精准治疗示范。开发医学影像诊疗、介入支架等重大医疗器械产品，实现关键核心技术重大突破，推动在国内广泛应用，进一步扩大在国际市场的份额。

在高端装备领域，完成窄体客机发动机验证机研制，开展宽体客机发动机关键技术研究；突破重型燃机关键技术，建设燃气轮机试验电站。突破干支线飞机、机载设备、航空标准件、航空材料等关键制造技术，实现ARJ21支线飞机成系列化发展，开展C919大型客机试飞验证工作。开展北斗高精度芯片/主板/天线/模块/软件解决方案的开发，打造北斗卫星同步授时产业。建设高新船舶与深海开发装备协同创新中心，提升深远海海底资源（特别是油气资源）、海洋工程装备的总包建造能力、产品自主研制能力和核心配套能力。

在新能源及智能型新能源汽车领域，加快开发推广智能变电站系统等智能电网设备，研制微型和小型系列化燃气轮机发电机组、储能电池智能模块和大容量储能系统。开发动力电池、电机、电控等核心零部件，研制高性能的新能源汽车整车控制系统产品。

在智能制造领域，开发具有国际先进水平的工业机器人、服务机器人产品，逐步实现高精密减速机、高性能交流伺服电机、高速高性能控制器等核心零部件国产替代。开发三维

(3D) 打印相关材料和装备技术，推动其与重点制造行业对接应用。

同时，在量子通信、拟态安全、脑科学及人工智能、干细胞与再生医学、国际人类表型组、材料基因组、高端材料、深海科学等方向布局一批重大科学基础工程。

（二）科技计划安排

《上海市科技创新计划专项资金管理办法》规定专项资金主要用于基础前沿研究、科技创新支撑、科技人才与环境建设、技术创新引导。

1. 以关键领域科技攻关为重点的模式

2018 年，上海市科技计划专项资金共 30.43 亿元。其中，关键技术领域科技攻关 8.85 亿元，占 29.08%；其次是基础研究与前瞻性重大技术研究和功能型平台建设与发展，分别为 4.49 亿元（14.74%）和 4.40 亿元（14.46%）。关键技术领域科技攻关重点支持社会民生、高新技术产业和生物医药产业等领域。社会民生领域，设立了"科技创新行动计划"社会发展领域以及农业领域科技攻关项目。高新技术产业领域，设立了"科技创新行动计划"高新技术领域科技攻关项目，开展新一代信息技术、先进制造技术、新材料技术、智能型新能源汽车技术等技术攻关。生物医药产业领域，设立了战略性新兴产业生物医药领域重大项目、"科技创新行动计划"医学引导类科技支撑项目、生物医药领域科技支撑项目、产学研医合作项目、临床医学领域项目、化学试剂与仪器方法领域项目等专项开展技术攻关。整体来看，上海科技计划体系是以关键领域科技攻关为重点的模式。

2. 加强对生物医药、集成电路、人工智能领域的布局

2019 年，上海市新设立了战略性新兴产业生物医药领域重大项目、"科技创新行动计划"集成电路领域项目、人工智能领

域项目，加强对生物医药、集成电路、人工智能领域的关键技术攻关。生物医药领域加强对生物制品、创新化学药物、现代中药、医疗器械等方向的支持。集成电路领域加强对关键核心产品技术攻关、前瞻和共性技术研究的支持。人工智能领域加强对人工智能基础理论以及关键核心技术研究与应用的支持。

3. 通过研发经费补助、联合研发资助引导企业创新

上海市科技计划体系主要通过科技小巨人工程、科技型中小企业技术创新资金项目、企业国际科技合作项目三类项目引导企业创新。具体来看，科技小巨人工程和科技型中小企业技术创新资金项目都是对科技型中小企业研发经费（支出）的补助。科技小巨人工程主要是针对高新技术企业的补助，领域不限。科技型中小企业技术创新资金项目主要是针对重点支持新一代信息技术、高端装备制造、生物产业、新能源、新材料、节能环保、新能源汽车等战略性新兴产业以及科技服务业领域的科技型中小企业。企业国际科技合作项目鼓励本市企业与国外企业在生物医药、集成电路、人工智能、能源与环境、新材料、先进制造、农业等领域开展联合研发、合作技术攻关。

4. 开展"一带一路"、港澳台等专题的对外科技合作

2019年，上海市国（境）外科技合作项目包含"一带一路"国际合作项目、港澳台科技合作项目、企业国际科技合作项目、政府间国际合作领域项目四种类型项目。具体来看，"一带一路"国际合作项目包括青年科学家交流、国际联合实验室建设和技术转移服务领域合作三个专题。青年科学家交流重点资助"一带一路"国家的青年科学家来沪，与上海市机构合作开展自然科学领域科研工作。国际联合实验室建设专题聚焦传染病防控研究、药物耐药研究、软件系统架构设计、智慧能源系统、海洋生态研究、水资源处理技术领域的合作。技术转移服务领域合作专题不限领域。港澳台科技合作项目优先支持生物医药、集成电路、人工智能、材料科学、先进制造、金融科

技、天文气象等领域项目。企业国际科技合作项目优先支持本市企业与国外企业在生物医药、集成电路、人工智能、能源与环境、新材料、先进制造、农业等领域的合作。政府间国际合作领域项目支持领域与企业国际科技合作项目支持领域相近，但要求项目申报单位的合作方所在国家和地区必须是与上海市科学技术委员会签订科技合作协议或备忘录的国家和地区。

（三）人工智能政策措施

1. 成立人工智能战略咨询专家委员会

2017年，上海出台《关于本市推动新一代人工智能发展的实施意见》（以下简称《实施意见》），提出设立上海人工智能战略专家咨询组，组织开展战略问题研究和重大决策咨询。2018年，上海印发的《关于加快推进上海人工智能高质量发展的实施办法》（以下简称《实施办法》）中也提到，要"设立上海市人工智能战略咨询专家委员会，论证和评估人工智能发展规划、重大科技项目实施，组织开展人工智能战略问题研究和重大决策咨询"。当前，上海人工智能战略咨询专家委员会已正式成立，根据2018年上海人工智能战略咨询专家会议，委员会成员由来自国内外人工智能领域的专家组成，设置了国际咨询组、企业应用组和学术咨询组。可以看到，上海在顶层设计上已将人工智能作为发展战略，汇聚高端人才、集聚多方智慧，共同为上海人工智能发展战略和产业发展提供决策支撑。

2. 强化类脑智能、人机混合增强智能、新型智能算法、量子人工智能等前沿基础研究

2017年，《实施意见》就已提出要聚焦强人工智能和超人工智能，持续开展类脑智能研究，推进类脑智能软硬件技术融合研发，加强人机混合增强智能研究，推进跨学科协作开展脑机接口技术研究，建立新型智能算法库，开展并行分布式智能计算范式研究。2018年，《实施办法》提出，要加快在类脑智

能理论研究、人机混合增强智能、新型智能算法等领域取得突破。2019年，上海发布《关于建设人工智能上海高地构建一流创新生态的行动方案（2019—2021年）》（以下简称《行动方案》），提出加快面向小样本学习、迁移学习、算法可解释性、鲁棒性、多模态数据、群体智能、脑智理论、类脑芯片等前沿算法和理论的研究。从科技计划项目布局来看，2020年度"科技创新行动计划"基础研究领域项目中，设置了量子信息技术研究方向，提到要对基于三维光子集成芯片的量子人工智能开展研究。人工智能科技支撑专项项目中，人工智能基础理论与关键技术专题设置了基础交叉理论、认知与融合学习、自主与通用学习、鲁棒学习四大方向。总的来看，上海侧重在类脑智能、人机混合增强智能、新型智能算法、量子人工智能等方面布局人工智能前沿基础研究，力争在强人工智能和超人工智能的发展方向上实现突破。

3. 以智能芯片、智能硬件、智能机器人、智能驾驶等为发展重点

从产业布局来看，2017年，《实施意见》提出要"积极培育以智能驾驶、智能机器人、智能硬件为重点的人工智能新兴产业，着力提高以智能传感器、智能芯片、智能软件为重点的产业核心基础能力"。根据2017年发布的《人工智能创新发展专项支持实施细则》（以下简称《实施细则》），为推进人工智能产业发展，上海重点支持智能网联汽车辅助驾驶、自动驾驶技术产业化和城市轨道交通智能决策控制系统开发，支持智能工业机器人、服务机器人、智能终端产品、无人系统、深度学习、通用处理器芯片、行业应用芯片、智能工业传感器等方面的研发和产业化，根据投资额度，按照不超过30%的标准，给予单个项目最高不超过2000万元的资金支持。此外，2019年的《行动方案》也提出，要聚焦制造、医疗、交通、金融等先行领域，打造以智能芯片、智能网联汽车、智能机器人、智能硬件

等重点产业集群。由此可见，上海结合其在集成电路等领域的优势，以智能芯片、智能硬件、智能机器人、智能驾驶等为重点，推动人工智能产业发展。

4. 支持新产品推广，重视应用场景建设

新产品支持方面，2018年，《实施办法》强调要对符合条件的人工智能企业相关产品，给予装备首台套、软件首版次、新材料首批次相关政策支持，将符合条件的人工智能产品纳入创新产品推荐目录，推动首购应用。2019年，《行动方案》提出，将具有市场推广前景的创新产品优先纳入《上海市创新产品推荐目录》，支持政府首购和订购，并优先推荐给应用场景单位部署使用。符合条件的人工智能创新产品可享受首台套、首版次、首批次产品政策支持，最高可按专项支持比例30%的上限给予支持。应用场景建设方面，根据2017年出台的《实施细则》，上海根据投资额度，按照不超过30%的标准，给予基于计算机视觉、语音语义识别、认知计算、自然语言处理、人机交互等人工智能技术的深度融合应用项目，最高不超过2000万元的资金支持。2019年的《行动方案》提出，要聚焦人工智能在医疗、教育、城市管理、制造业等重点领域时应用，建设世界级的人工智能应用场景。开展场景应用"揭榜挂帅"，建立应用场景动态发布制度，搭建供需对接平台。到2021年，要打造10个人工智能创新应用示范区、10大类100个人工智能深度应用场景。对列入"上海市人工智能试点应用场景"的重大专项项目，上海按项目投资额30%的标准，予以单个项目最高不超过2000万元的资金支持。可以看到，近年来，上海在加快人工智能新产品市场推广和应用场景建设方面持续发力，深化人工智能技术在实体经济中的广泛应用，推动人工智能服务实体经济发展。

5. 提升原始创新策源能力，推动人工智能治理体系建设

2019年，科技部批复同意上海建设国家新一代人工智能创

新发展试验区。根据部署，试验区将充分依托上海科教资源、应用场景、海量数据等基础条件和开放优势，进一步汇聚国内外高端创新资源，聚焦后深度学习机器智能、类脑智能等基础理论研究方向，力争实现基础研究重大突破。与此同时，将进一步拓展应用场景建设，聚焦交通、医疗、社区、制造、金融等领域、组织开展人工智能创新应用和产业赋能试验。此外，还将重点推动人工智能治理体系建设，破除体制机制障碍，加强在法律法规、伦理规范、安全监管、协同治理等方面的研究和探索，参与全球人工智能治理规则制定。可以预见，上海将以提升人工智能原始创新策源能力为主要方向，以场景驱动与治理创新融合试验为战略抓手[①]，深入推进人工智能创新发展，打造具有全球影响力的人工智能发展高地。

（四）干细胞政策措施

1. 聚焦组织功能修复开展技术攻关

《上海中长期科学和技术发展规划纲要（2006—2020年)》将干细胞技术作为关键技术列入上海中长期技术创新的主要任务。《上海市科技创新"十三五"规划》将"干细胞与组织功能修复"列入未来需要突破的重大战略方向，提出围绕组织功能修复，聚焦干细胞属性、干细胞获取、细胞命运决定、干细胞与疾病、干细胞与再生医学等重大科学问题开展研究和攻关，推动以干细胞治疗为核心的再生医学成为继药物、手术治疗后的第三种治疗途径。《健康上海2030规划纲要》提出要加快免疫细胞治疗、干细胞治疗等相关技术的临床和产业化研究。《促进上海市生物医药产业高质量发展行动方案（2018—2020年)》提出对干细胞与再生医学等热点方向，布局实施一批重大项目。《上海市临床医学研究中心发展规划（2019—2023年)》提出大

---

① 《上海国家新一代人工智能创新发展试验区启动建设》，2019年5月，新华网（http://www.xinhuanet.com/tech/2019-05/25/c_1124540622.htm）。

力发展以干细胞与再生医学、人类细胞图谱、细胞治疗等为代表的前沿科学领域和关键技术，围绕干细胞治疗、免疫细胞治疗、基因治疗等方面开展新技术新产品的开发，促进医学科技成果的转化应用。

从上海市科技计划对干细胞技术的支持来看，2016—2020年重点资助方向从利用干细胞定向分化和转分化技术，解决构建治疗性体外人工器官支持系统问题转为干细胞的微器官重建技术以及揭示干细胞移植后体内全生命过程。总的来看，上海市科技计划对干细胞的支持聚焦于干细胞技术在体外器官重建与移植中的应用（见表3-1）。

表3-1　　2016—2020年上海市科技计划资助干细胞领域情况

年份	资助干细胞领域情况
2016	"科技创新行动计划"基础研究项目设置干细胞与再生医学专题，重点资助体外人工器官支持系统的种子细胞扩增和功能验证研究，主要内容是通过干细胞定向分化或转分化技术获得体外人工器官支持系统所需的功能细胞，解决临床治疗级功能细胞的快速扩增和大规模冻存问题，利用大动物模型验证体外人工器官支持系统的临床疗效，为临床应用奠定技术基础。
2017	"科技创新行动计划"基础研究项目支持脑科学与类脑人工智能、合成生物学、面向生命科学的新技术等领域的研究，未指定干细胞重点技术。
2018	"科技创新行动计划"港澳台科技合作项目重点资助脂肪干细胞结合基因工程联合治疗脊髓损伤的研究。
2019	"科技创新行动计划"基础研究项目重点资助全能干细胞与微器官重建研究，主要内容是研究细胞全能性建立、维持与分化的遗传与表观遗传调控机制，研究全能干细胞自我更新的分子机制、重构胚胎的发育潜能及分子调控网络；利用多能干细胞或成体干细胞体外构建微器官，研究微器官中干细胞与微环境的互作机制及其体内功能的重建。
2020	"科技创新行动计划"基础研究项目重点资助干细胞移植后在体内全生命过程示踪研究，主要内容是示踪人源性多能干细胞、人源性成体干细胞移植后的谱系命运演变；结合荧光、纳米材料等标记手段，应用活体多模式成像技术，示踪移植细胞在受体中的存活、迁移、定位、定量和功能整合；结合脑中风和肌萎缩侧索硬化症动物模型、谱系命运示踪、移植细胞行为示踪与移植治疗效果，建立移植细胞的质量控制标准。

2. 建立生物医药相关责任保险补偿机制

上海市于2017年启动生物医药人体临床试验责任保险、生物医药产品责任保险试点工作。《关于推进生物医药人体临床试验责任保险和生物医药产品责任保险试点工作的通知》（沪科合〔2018〕10号）正式提出建立上海市生物医药人体临床试验责任保险和生物医药产品责任保险[①]补偿机制。生物医药人体临床试验责任保险和生物医药产品责任保险试点坚持"政府引导，市场化运作"原则。生物医药产业相关机构和企业自主投保生物医药人体临床试验责任保险和生物医药产品责任保险，保险公司提供定制化综合保险产品进行承保。根据《关于开展生物医药人体临床试验责任保险、生物医药产品责任保险工作的通知》（沪科合〔2020〕4号），保险补偿政策的支持对象为在上海市注册的生物医药人体临床试验申办者（个人除外）及从事药品和医疗器械研发、生产及代工的机构和企业，以及提供合同研发和生产服务的企业；对符合条件的对象进行保费50%的财政专项补贴，对单个保单的补贴不超过50万元。生物医药人体临床试验责任保险和生物医药产品责任保险补偿机制可以有效降低上海市相关机构开展干细胞等生物医药领域临床试验及新药创新的风险，激发生物医药产业创新活力。

3. 建立干细胞产品快速审查通道

2019年3月，上海出台《本市贯彻〈关于支持自由贸易试验区深化改革创新若干措施〉实施方案》，提出浦东新区医疗机构可根据自身的技术能力，按照有关规定开展干细胞临床前沿医疗技术研究项目；支持在上海自贸试验区建设干细胞生产中心、干细胞质检服务平台和国家干细胞资源库、国家干细胞临

---

① 生物医药人体临床试验责任保险主要保障人体临床试验受试者参加临床试验活动时因申办者的责任出现严重不良事件导致其遭受人身伤害的风险。生物医药产品责任保险主要保障因药品、医疗器械存在缺陷导致的第三方人身伤害或财产损失的风险。

床研究功能平台,完善干细胞研究者和受试者保护机制;拓展张江跨境科创监管服务中心功能,建立干细胞产品快速审查通道,对国外上市的干细胞产品经快速审查批准后可先行开展临床研究。以上政策能够有效地加速上海干细胞研究临床转化,促进干细胞产业化发展。

三 深圳

(一) 科技创新战略

2019年8月,中共中央、国务院发布《关于支持深圳建设中国特色社会主义先行示范区的意见》,深圳将成为高质量发展高地。深化供给侧结构性改革,实施创新驱动发展战略,建设现代化经济体系,在构建高质量发展的体制机制上走在全国前列。

1. 发展目标

根据《关于支持深圳建设中国特色社会主义先行示范区的意见》,深圳科技创新的主要目标是,到2025年,研发投入强度、产业创新能力世界一流,建成现代化国际化创新型城市。到2035年,深圳高质量发展成为全国典范,城市综合经济竞争力世界领先,建成具有全球影响力的创新创业创意之都。到21世纪中叶,成为创新力卓著的全球标杆城市。

2. 主要任务

根据《关于支持深圳建设中国特色社会主义先行示范区的意见》和《深圳市建设中国特色社会主义先行示范区的行动方案(2019—2025年)》,深圳将加快实施创新驱动发展战略。第一,以主阵地的作用加快建设综合性国家科学中心,加快深港科技创新合作区建设、全力推进光明科学城建设、高水平规划建设西丽湖国际科教城,力争1—2个具有内核生长功能的稀缺性标志性重大科技基础设施落地,集中布局建设一批前沿交叉研究平台、科研机构、研究型高校、重点实验室等创新载体，打造竞争力影响力卓著的世界一流科学城。第二，建设5G、人工智能、网络空间科学与技术、生命信息与生物医药实验室等重大创新载体，探索建设国际科技信息中心和全新机制的医学科学院。第三，加强基础研究和应用基础研究，实施关键核心技术攻坚行动，夯实产业安全基础。第四，探索知识产权证券化，规范有序建设知识产权和科技成果产权交易中心。第五，支持深圳具备条件的各类单位、机构和企业在境外设立科研机构，推动建立全球创新领先城市科技合作组织和平台。第六，实行更加开放便利的境外人才引进和出入境管理制度，允许取得永久居留资格的国际人才在深圳创办科技型企业、担任科研机构法人代表。

（二）科技计划安排

2019年7月，深圳市人民政府印发《深圳市科技计划管理改革方案》（深府〔2019〕1号），推出深圳科技计划管理改革22条举措，通过新设、整合、拓展、优化科技计划项目，形成总体布局合理、功能定位清晰的"一类科研资金、五大专项、二十四个类别"科技计划体系，实现"体系架构市场化、关键环节国际化、政府布局主动化、高校支持稳定化、人才支持梯度化、深港澳合作紧密化、国际交流全面化"。

1. 高度重视技术研究开发

以2018年为例，深圳市科技创新委员会科学技术支出预算81.15亿元，其中，技术研究与开发71.33亿元，占87.90%。2019年科学技术支出预算133.8亿元，其中，技术研究与开发71.46亿元，占53.40%；基础研究52.00亿元，占38.86%。可见，深圳市科技创新布局的重点在技术研究开发。

2. 科技攻关聚焦人工智能、第三代半导体等领域

整体来看，深圳市科技攻关主要聚焦人工智能、第三代半

导体、智能装备、生命健康、高端医学诊疗器械、基因检测等领域；民生科技依托可持续发展科技专项（2020年起实施），聚焦资源高效利用、生态环境治理、健康深圳建设和社会治理现代化等领域。

3. 建立高等院校长期稳定支持机制

深圳市新设高等院校稳定资助项目，建立长期稳定支持机制，探索开展经费使用"包干制"改革试点，强化高校主体责任和科研人员主体地位，鼓励科研人员开展具有前瞻性、探索性研究，持续增强高等院校科技创新能力和创新成果转化能力。

4. 平台和载体专项布局完备

深圳市将通过诺贝尔奖科学家实验室、基础研究机构、重点实验室、工程中心、重点企业研究院、海外创新中心、临床医学研究中心、科技企业孵化器及众创空间，共八个不同平台和载体来完成具体的研究，每个平台和载体的运作机制也不尽相同。

5. 通过高企培育、企业研究开发、创业项目资助引导企业创新

深圳市科技计划体系开展高新技术企业培育资助、企业研究开发资助、创业项目资助三类项目引导企业创新。具体来看，高新技术企业培育资助是针对国家高新技术企业培育库当年入库、出库企业的资助。企业研究开发资助是对企业上年度研发费用实际支出的事后资助。创业项目资助是对晋级中国深圳创新创业大赛等赛事获得相应奖项的企业的资助。

6. 通过深港创新圈计划和国际科技合作项目支持对外科技合作

深圳市科技计划体系通过深港创新圈计划和国际科技合作项目支持对外科技合作。具体来看，港深创新圈计划重点支持互联网、生物、新能源、新材料、新一代信息技术、节能环保等战略性新兴产业，海洋、航空航天、生命健康等未来产业，

先进制造和涉及民生改善的科技领域的合作项目。国际科技合作项目重点支持新一代信息技术、高端装备制造、绿色低碳、生物医药、数字经济、新材料、海洋经济等战略性新兴产业领域的合作项目。

(三) 人工智能政策措施

1. 聚焦核心基础，支持关键技术攻关

2016 年，《深圳市战略性新兴产业发展"十三五"规划》（以下简称《战略性新兴产业发展"十三五"规划》）出台，提出要重点攻关类人智能、人机物融合、自然交互等人工智能领域的关键技术。2018 年，深圳印发《关于进一步加快发展战略性新兴产业的实施方案》（以下简称《实施方案》），提出了 2018—2022 年人工智能关键领域重点发展任务：要加快研发并应用智能传感器，突破面向云端训练、终端应用的神经网络、图形处理器、现场可编程逻辑阵列等芯片及配套工具，加快突破芯片、算法等人工智能核心基础。2019 年，深圳出台《新一代人工智能发展行动计划（2019—2023 年）》（以下简称《行动计划》），聚焦数据深度搜索、知识深度学习、神经网络等核心算法，强化计算机视觉优势，重点发展新一代语音识别技术、跨媒体感知技术、自主无人智能技术。具体来看，2019 年技术攻关重点项目对人机交互、计算机视觉、智能驾驶、语音识别、深度学习、智能机器人、人工智能芯片等领域进行重点支持。总的来说，深圳将人工智能纳入战略性新兴产业重点发展领域，聚焦智能芯片、算法、硬件等核心基础，支持在类人智能、人机交互、语音识别、跨媒体感知、自主无人智能等领域开展关键技术攻关。可以预见，深圳也将发挥其在人工智能硬件终端制造、用户数据资源储备、应用模式创新等领域的比较优势，推动实现关键核心技术实现突破。

2. 在机器学习、类脑智能等方面组织开展基础前沿研究

根据《行动计划》，深圳要聚焦人工智能重大科学前沿导向，组织实施重大基础科研专项，在大数据人工智能、跨媒体感知计算、混合增强智能、群体智能、自主协同控制与优化决策、自主智能无人系统创新性架构、高级机器学习、类脑智能计算理论与方法等领域开展研究。具体来看，深圳在2020年基础研究重点项目中，对机器学习，类脑智能，人工智能处理器，人工智能在新药研发、疾病诊断等方面的应用等领域的研究进行支持。总的来看，深圳将会越来越重视人工智能的基础前沿研究，当前重点在机器学习、类脑智能、人工智能硬件、人工智能在生物医药领域的应用等方面进行布局。

3. 主要围绕智能机器人、智能芯片、智能传感器等领域进行产业布局

《实施方案》提出，要大力发展新一代智能手机、智能家居产品、可穿戴设备等智能终端，工业机器人、服务机器人、特种机器人等智能装备，以及视频图像身份识别、视频图像商品识别、语音翻译交互等智能系统。《行动计划》提出，要重点支持智能芯片、智能传感器、智能机器人、智能无人机、智能医疗装备、智能网联汽车等关键零部件、智能产品的研发与产业化。根据《2020年新兴产业扶持计划（高端装备制造、生物医药、新材料、人工智能、物联网）申报指南》，深圳设立了产业链关键环节提升项目和产业服务体系项目。其中，产业链关键环节提升项目按照最高不超过1000万元的标准，支持智能传感器、智能服务机器人、智能医疗辅助系统、自动驾驶、智能交通系统等领域的核心部件、产品的研发及产业化。产业服务体系项目则按照最高不超过300万元的标准，在公共服务和高端展会两个方面支持人工智能产业的发展。总的来看，深圳主要围绕智能机器人、智能芯片、智能传感器、智能驾驶等领域进行人工智能产业布局，未来也将发挥华为、腾讯、平安科技

（深圳）有限公司等龙头企业的引领带动作用，推动一批人工智能的高成长企业和初创企业创新发展，强化产业基础能力，提升产业化水平。

4. 打造人工智能创新高地，构建国际一流的开放创新生态

2019年，科技部批复同意深圳建设国家新一代人工智能创新发展试验区，要求深圳探索新一代人工智能发展的新路径新机制，形成可复制、可推广经验，引领带动粤港澳大湾区智能经济和智能社会发展的模式。一方面，要发挥研发能力强、高端人才聚集、产业链完整等优势，加强人工智能基础前沿理论和关键核心技术研发，健全智能化基础设施，加快成果转化应用，提升人工智能产业国际竞争力。另一方面，要把握建设中国特色社会主义先行示范区的重大机遇，进一步加大改革开放力度，开展人工智能政策试验和社会实验，突破影响创新要素流动的制度瓶颈，深化国际交流合作，营造具有全球吸引力的创新环境。可以看到，深圳也将以国家新一代人工智能创新发展试验区建设为契机，重点推进人工智能核心关键技术研发、构建人工智能产业集群，突破体制机制障碍，构建国际一流的开放创新生态。

（四）干细胞政策措施

1. 规范人类间充质干细胞库建设与管理

2015年2月，深圳出台标准化指导性技术文件《人类间充质干细胞库建设与管理规范》，规定了人体来源间充质干细胞库相关的生命伦理、间充质干细胞库建设、机构设置、操作规范和安全管理的基本方法。该文件的出台规范了深圳市人类间充质干细胞库的建设与管理，促进了深圳市干细胞产业的发展。

2. 重点发展干细胞治疗技术

《深圳市促进生物医药产业集聚发展的若干措施》提出细胞领域重点支持干细胞治疗、细胞免疫治疗等。《深圳市生物医药

产业集聚发展实施方案（2020—2025年）》将发展干细胞治疗技术列为构建生物医药原始创新体系中的共性关键技术。从深圳市科技计划对干细胞技术的支持来看，2016—2020年，重点资助运用干细胞技术治疗骨关节、肿瘤、糖尿病、脑疾病、妇产与生育疾病、肺部疾病、阿尔茨海默症等疾病的研究，资助形式从基础研究学科布局项目形式拓展到基础研究学科布局项目和技术攻关面上项目相结合的形式。总的来看，深圳市越来越重视干细胞技术的发展，重点发展干细胞对各种疾病的治疗技术。

3. 打造坝光国际生物谷精准医疗先锋区

《深圳市生物医药产业集聚发展实施方案（2020—2025年）》提出，聚焦基因测序、干细胞临床等前沿医疗技术研究，吸引全球精准医疗优质项目落地转化，打造坝光国际生物谷精准医疗先锋区。引进国际科研团队、创新平台等合作项目，加快国际生命科技中心建设。推动坝光建立国家深海科考中心，依托"一库两园"配套基础搭建海洋生物医药产学研合作平台和孵化推广基地。依托创新合作产业园区，开展精准医疗创新合作，构建优质产业综合生态体系。坝光国际生物谷精准医疗先锋区建设将为干细胞技术发展集聚国际人才、项目等创新资源，为深圳干细胞技术国际化发展提供良好的平台。

第四章 广州技术发展历程与现状

incoPat 数据库全球专利包含世界知识产权组织、欧洲、美国、中国、日本、韩国等 120 个国家、地区或组织专利。本章将利用该数据库，分析广州全球发明专利申请情况，并以此为基础，分析广州技术发展历程与现状。

一 发展历程

截至 2020 年第一季度，广州全球发明专利申请量共有 256839 件[①]（见图 4-1）。根据历年来全球发明专利申请的变化，可以分为三个阶段，即 2005 年以前为第一阶段、2006—2015 年为第二阶段、2016 年以来为第三阶段。

（一）2005 年以前

该阶段，广州全球发明专利申请量共有 7414 件，占同期全球的比重为 0.03%。总的来看，该阶段有以下特征。

1. 以中国专利为主

该阶段广州向中国国家知识产权局、世界知识产权组织、欧洲专利局等 8 个国家和地区的知识产权机构申请了发明专利。其中中国申请量为 7205 件，占比达 97.18%；世界知识产权组

[①] 检索时间：2020 年 5—7 月。

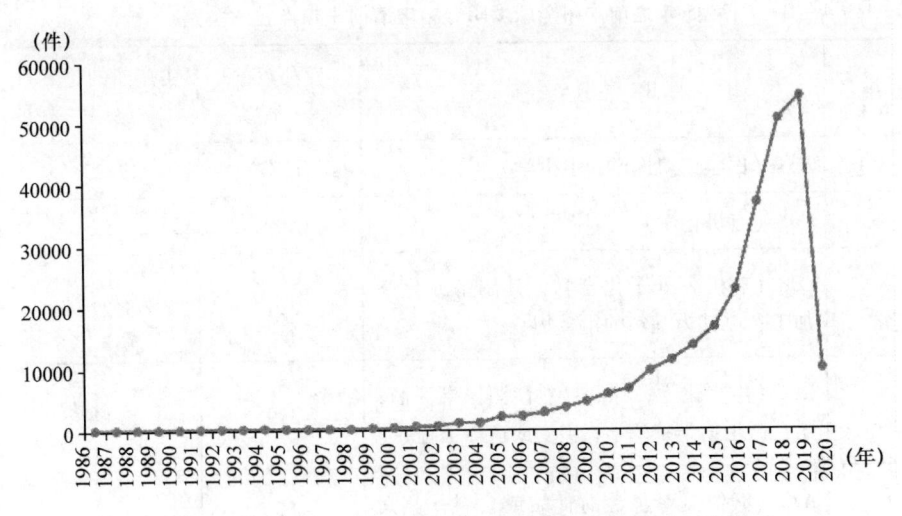

图 4-1　1986—2020 年第一季度广州发明专利公开趋势

织 168 件，占比达 2.27%。可见，该阶段广州各市场主体主要向中国申请专利技术，国际专利申请相对偏少。专利国际化程度不高，反映该阶段广州的技术和产品主要面对国内市场，满足国内市场的需求，其国际化程度还有待提高。

2. 医学是第一技术热点

从技术大类来看，广州专利申请量排名靠前的类别分别是 A61（医学或兽医学；卫生学，1277 件）、C07（有机化学，409 件）、C08（有机高分子化合物；其制备或化学加工；以其为基料的组合物，391 件）、C12（生物化学；啤酒；烈性酒；果汁酒；醋；微生物学；酶学；突变或遗传工程，379 件），占比分别为 17.22%、5.52%、5.27%、5.11%（见表 4-1）。从技术小类来看，A61K（医用、牙科用或梳妆用的配制品，939 件）专利申请量位列首位，占比为 12.67%。由此可见，该阶段广州的技术热点主要集聚在医学、化学等领域。

表4-1　2005年之前广州全球发明专利申请前十热点技术类别

排名	IPC主分类号	专利数量（件）	占广州的比重（%）
1	A61（医学或兽医学；卫生学）	1277	17.22
2	C07（有机化学）	409	5.52
3	C08（有机高分子化合物；其制备或化学加工；以其为基料的组合物）	391	5.27
4	C12（生物化学；啤酒；烈性酒；果汁酒；醋；微生物学；酶学；突变或遗传工程）	379	5.11
5	A23（其他类不包含的食品或食料；及其处理）	330	4.45
6	A01（农业；林业；畜牧业；狩猎；诱捕；捕鱼）	313	4.22
7	G01（测量；测试）	301	4.06
8	C09（染料；涂料；抛光剂；天然树脂；黏合剂；其他类目不包含的组合物；其他类目不包含的材料的应用）	288	3.88
9	H01（基本电气元件）	267	3.60
10	G06（计算；推算；计数）	266	3.59

3. 有机高分子在全国具有一定优势

从技术大类来看，C08（有机高分子化合物；其制备或化学加工；以其为基料的组合物）领域专利申请量占全国的比重接近5%。从技术小类来看，C08B（多糖类；其衍生物）、G07F（投币式设备或类似设备）、A01H（新植物或获得新植物的方法；通过组织培养技术的植物再生）、C08G（用碳—碳不饱和键以外的反应得到的高分子化合物）、A61F（可植入血管内的滤器；假体等）五大技术小类的发明专利申请量占全国的比重分别为7.87%、7.73%、5.56%、5.34%、5.07%。总的来看，这五大技术小类在全国具有一定的优势，而其中C08B（多糖类；其衍生物）、G07F（投币式设备或类似设备）优势比较明显。

4. 制造业占比在90%以上，医药制造、化学原料和化学制品制造是主要产业技术热点

从产业大类来看，广州发明专利数量排名前三的产业依次是制造业（6788件），信息传输、软件和信息技术服务业（228件），电力、热力、燃气及水生产和供应业（157件），分别占广州发明专利申请总量的91.56%、3.08%、2.12%。进一步从制造业来看，医药制造业（1152件，15.54%）、化学原料和化学制品制造业（1129件，15.23%）、电气机械和器材制造业（425件，5.73%）、专用设备制造业（422件，5.69%）、通用设备制造业（374件，5.04%）专利申请量居于前列，是该阶段主要的产业技术热点。

5. 个人专利申请量第一

从中国专利申请人类型来看，该阶段广州个人发明专利申请数量第一，占广州发明专利申请总量的39.39%；第二是大专院校，占比达28.4%；第三是企业，占比达18.43%；第四是科研单位，占比达15.23%。由此可见，该阶段广州个人专利申请量第一，个人和大专院校占据着重要地位。

6. 华南理工大学申请量第一

从申请机构来看，华南理工大学发明专利申请量最多，共799件，占广州申请量的10.78%。其次是中山大学，专利数量572件，占广州申请量的7.72%。中国科学院广州化学研究所、华南农业大学、暨南大学、华南师范大学、中国科学院广州能源研究所专利数量均超过100件（见表4-2）。整体来看，在这一阶段位于专利技术前列的主要是大学和高端科研机构，技术能力突出的企业还相对缺乏。

表4-2　　　　2005年之前广州全球发明专利申请前十机构

排名	第一申请人	专利数量（件）	占广州的比重（%）
1	华南理工大学	799	10.78
2	中山大学	572	7.72
3	中国科学院广州化学研究所	306	4.13
4	华南农业大学	180	2.43
5	暨南大学	123	1.66
6	华南师范大学	121	1.63
7	中国科学院广州能源研究所	107	1.44
8	广东工业大学	79	1.07
9	中国科学院南海海洋研究所	71	0.96
10	广东省微生物研究所	45	0.61

7. 境外合作仅为0.6%

这一时期广州共有45件境外合作申请专利，占广州同期全部专利的0.6%。其中中国台湾17件，美国12件，中国香港9件。合作领域主要是A63B（体育锻炼、体操、游泳、爬山或击剑用的器械；球类；训练器械）（6件）、G06F（电数字数据处理）（6件）、A61K（医用、牙科用或梳妆用的配制品）（5件）等25个领域。总的来看，这一阶段的境外合作，合作数量还不多，合作领域还十分有限。

(二) 2006—2015年

该阶段，广州发明专利申请量共有75733件，占同期全球发明专利申请的0.38%。

1. 专利国际化水平大幅提升

该阶段广州向中国国家知识产权局、世界知识产权组织、美国、欧洲专利局、印度、加拿大等16个国家（地区）的知识产权机构申请了发明专利。中国申请量为71438件,占比达94.33%(见表4-3)。向境外申请的专利4295件,是上一阶段的20.55倍,占全市比重比上一阶段上升了2.85个百分点;其中,世界知识产权组织2753件,是上一阶段的16.39倍,占全市3.64%,比上一阶段提高了1.37个百分点。值得一提的是,向美国申请的发明专利达到741件,占比0.98%,超过欧洲,排在第三位。总的来看,该阶段广州专利技术国际化程度大幅提升,说明有越来越多的广州产品和技术走向国际市场,满足世界各地民众的需求。

表4-3　2006—2015年广州全球发明专利申请主要公开国别

专利公开国别/地区	专利数量(件)	占比(%)
中国	71438	94.33
世界知识产权组织	2753	3.64
美国	741	0.98
欧洲专利局(EPO)	402	0.53
印度	107	0.14
加拿大	97	0.13
中国香港	60	0.08
智利	34	0.04
越南	31	0.04
南非	28	0.04
日本	20	0.03
新加坡	11	0.01
印度尼西亚	8	0.01

2. 医学和计算推算为主要技术热点

从技术大类来看,广州A61(医学或兽医学;卫生学)技术类别专利申请量最多,共有7438件,占广州发明专利申请总量的9.82%。此外,G06(计算;推算;计数)、H04(电通信技术)、G01（测量；测试）、C12（生物化学；啤酒；烈性酒；果汁酒；醋；微生物学；酶学；突变或遗传工程）四大类技术占广州发明专利申请量的比重分别为9.07%、8.99%、7.02%、5.22%，是十分重要的技术热点。从技术小类来看，A61K（医用、牙科用或梳妆用的配制品，4845件）、G06F（电数字数据处理，4309件）的申请量占广州的比重分别为6.4%、5.69%，技术创新十分活跃。

3. 核算装置在全国具有一定技术优势

从技术大类来看，G07（核算装置）、C12（生物化学；啤酒；烈性酒；果汁酒；醋；微生物学；酶学；突变或遗传工程）技术类别专利申请量占全国的比重达到6.18%、4.78%；从技术小类来看，G07D（处理硬币或有价纸币）、C12Q（包含酶、核酸或微生物的测定或检验方法）、C12N（微生物或酶）、C08G（用碳—碳不饱和键以外的反应得到的高分子化合物）四大技术领域专利申请量占全国的比重分别达21.14%、6.94%、5.36%、5.11%，在国内具有一定的技术优势。而其中G07D（处理硬币或有价纸币）在全国的技术优势比较明显。

4. 信息传输、软件和信息技术服务快速增长

从产业大类来看，广州制造业发明专利申请量达到65469件，占比为86.45%。信息传输、软件和信息技术服务业发明专利申请量共6906件，占广州的比重为9.12%，比上阶段增长2928.9%，提高了6.04个百分点。从产业小类来看，C26（化学原料和化学制品制造业）、C27（医药制造业）、C39（计算机、通信和其他电子设备制造业）、C40（仪器仪表制造业）、C38（电气机械和器材制造业）、I63（电信、广播电视和卫星传输服务）、C34（通用设备制造业）、C35（专用设备制造业）八行业的专利占比达5%以上（见表4-4），成为该阶段的主要技术热点行业。而C39（计算机、通信和其他电子设备制造业）、C40（仪器仪表制造业）、I63（电信、广播电视和卫星传输服

务）三行业技术快速发展，分别比上一阶段增长2063.8%、1846.1%、3136.6%，占全市比重比上一阶段分别提高4.91个百分点、3.99个百分点、5.03个百分点，技术创新十分活跃。

表4-4 2006—2015年广州全球发明专利申请主要技术热点行业

排名	国民经济行业分类	专利数量（件）	占广州的比重（%）
1	C26（化学原料和化学制品制造业）	8677	11.46
2	C27（医药制造业）	8304	10.96
3	C39（计算机、通信和其他电子设备制造业）	7054	9.31
4	C40（仪器仪表制造业）	6364	8.40
5	C38（电气机械和器材制造业）	6287	8.30
6	I63（电信、广播电视和卫星传输服务）	5567	7.35
7	C34（通用设备制造业）	4956	6.54
8	C35（专用设备制造业）	3823	5.05

5. 企业专利申请量第一

从中国专利申请人类型来看，该阶段广州企业发明专利申请量跃升首位，占广州发明专利申请总量的47.91%，比上一阶段增加8.52个百分点；第二位是大专院校，占比达31.27%；第三位是个人，占比达15.41%；第四位是科研单位，占比9.43%。总的来看，该阶段广州企业专利申请量第一，企业和大专院校占据着重要地位，进一步说明企业的创新动力明显增强，技术和经济结合更加紧密。

6. 若干企业进入前十行列

从第一申请机构来看，华南理工大学发明专利申请量居首位，共有9100件，占广州申请量的比重为12.02%，与上一阶段相比，占广州总量的比重提高2个百分点。其次是中山大学，发明专利申请量共 3999 件。专利数量超过 1000 件的还有华南农业大学、广东工业大学、广东电网公司电力科学研究院、广东威创视讯科技股份有限公司、暨南大学、华南师范大学（见表 4-5）。值得一提的是，该阶段广东威创视讯科技股份有限公司和京信通信系统（中国）有限公司两家企业进入了广州前十机构行列，说明了企业的技术创新能力日益增强，成为引领广州技术创新的重要力量。

表 4-5　2006—2015 年广州全球发明专利申请前十机构

排名	第一申请人	专利数量（件）	占广州的比重（％）
1	华南理工大学	9100	12.02
2	中山大学	3999	5.28
3	华南农业大学	1809	2.39
4	广东工业大学	1776	2.35
5	广东电网公司电力科学研究院	1307	1.73
6	广东威创视讯科技股份有限公司	1283	1.69
7	暨南大学	1176	1.55
8	华南师范大学	1071	1.41
9	京信通信系统（中国）有限公司	854	1.13
10	中国科学院广州能源研究所	803	1.06

7. 主要与中国台湾、韩国开展合作

从境外合作来看，共有专利合作 884 件，占广州同期全部专利的 1.17％。其中和中国台湾、韩国、美国的合作居多，占境外合作总量的比重分别达 48.76％、24.43％、10.75％。从合作机构来看，台湾光宝科技股份有限公司和旭丽电子（广州）有限公司合作 312 件，主要在 H01L（半导体器件）、G06F（电数字数据处理）、H01Q（天线）、F21S（非便携式照明装置或其系统)、H04N(图像通信)、B65H(搬运薄的或细丝状材料)、B41J(打字机;选择性印刷机构)、H02M(用于交流)、G02B(光学元件、系统或仪器)、H01H(电开关;继电器;选择器;紧急保护装置)、H05B(电热;其他类目不包含的电照明);三星电子株式会社和广州三星通信技术研究有限公司合作206件,主要在G06F(电数字数据处理)、H04M(电话通信)、H04W(无线通信网络)、H04N(图像通信);台湾光宝科技股份有限公司和光宝电子(广州)有限公司合作81件,主要合作领域为H01L(半导体器件)、G06F(电数字数据处理)。

(三) 2016—2020年第一季度

该阶段,广州发明专利申请量共有173693件,占同期全球发明专利的1.35%。

1. 境外专利技术申请大幅增长

该阶段广州向中国、世界知识产权组织、美国、欧洲专利局、印度、加拿大等18个国家(地区)的知识产权机构申请了发明专利,其中,中国申请量占比达94.52%。向境外申请的专利9523件,是上一阶段的2.21倍,其中,世界知识产权组织6525件,是上一阶段的2.37倍,占全市3.76%,比上一阶段提高了0.12个百分点。值得一提的是,向日本、越南申请的发明专利大幅增长,分别是上一阶段的5.2倍、3.16倍(见表4-6)。总的来看,该阶段广州境外申请的专利技术大幅增长,更多的广州产品和技术走向国际市场。

表4-6 2016—2020年第一季度广州主要全球发明专利申请公开国别

专利公开国别/地区	专利数量(件)	占比(%)
中国	164170	94.52
世界知识产权组织	6525	3.76
美国	1564	0.90

续表

专利公开国别/地区	专利数量（件）	占比（%）
欧洲专利局（EPO）	638	0.37
印度	282	0.16
加拿大	105	0.06
日本	104	0.06
中国香港	101	0.06
越南	98	0.06
智利	54	0.03
德国	17	0.01
新加坡	13	0.01
印度尼西亚	11	0.01

2. 计算推算为第一技术热点

这一阶段，从技术大类来看，G06（计算；推算；计数）发明专利申请25300件，超过A61（医学或兽医学；卫生学），成为专利申请量最多的领域，占广州发明专利申请总量的14.57%，比上阶段提高5.5个百分点。A61类别专利申请量为15269件，占比为8.79%，比上阶段下降1.03个百分点。此外，G01（测量；测试，12102件）、H04（电通信技术，12030件），是广州该阶段重要的技术创新热点（见表4-7）。从技术小类来看，G06F（电数字数据处理，12530件）、A61K（医用、牙科用或梳妆用的配制品，9364件）占广州发明专利申请总量的比重均超过5%，分别为7.21%、5.39%，在该阶段的技术创新较为活跃。

表4-7 2016—2020年第一季度广州全球发明专利申请十大热点技术大类

排名	IPC 主分类号	专利数量（件）	占广州的比重（%）
1	G06（计算；推算；计数）	25300	14.57
2	A61（医学或兽医学；卫生学）	15269	8.79
3	G01（测量；测试）	12102	6.97
4	H04（电通信技术）	12030	6.93
5	H01（基本电气元件）	7936	4.57
6	H02（发电、变电或配电）	5812	3.35
7	C12（生物化学；啤酒；烈性酒；果汁酒；醋；微生物学；酶学；突变或遗传工程）	5564	3.20
8	A01（农业；林业；畜牧业；狩猎；诱捕；捕鱼）	4235	2.44
9	C08（有机高分子化合物；其制备或化学加工；以其为基料的组合物）	4121	2.37
10	B01（一般的物理或化学的方法或装置）	4076	2.35

3. 12个技术小类在国内具有技术优势

从技术大类来看，在G07（核算装置）、C12（生物化学；啤酒等）、F21（照明）、G10（测量；测试）四大技术领域，占全国的比重达到6.67%、5.59%、5.12%、5.06%，体现出在全国具有一定的技术优势。进一步从技术小类来看，G07D（处理硬币或有价纸币）、C12Q（包含酶、核酸或微生物的测定或检验方法）、H01R（导电连接；一组相互绝缘的电连接元件的结构组合；连接装置；集电器）、C12N（微生物或酶；其组合物等）、G07F（投币式设备或类似设备）、G06Q（专门适用于行政、商业、金融、管理、监督或预测目的的数据处理系统或方法）、A61K（医用、牙科用或梳妆用的配制品）、G06K（数据识别；数据表示；记录载体）、G07C（时间登记器或出勤登记器)、F21S(非便携式照明装置或其系统)、H02J(供电或配电的电路装置或系统;电能存储系统)、G06T(一般的图像数据处理或产生)十二大技术领域发明专利申请量占全国的比重均超过5%(见表4-8),具有一定的技术优势。而G07D(处理硬币或有价纸币)、C12Q(包含酶、核酸或微生物的测定或检验方法)优势更为明显。

表4-8　　2016—2020年第一季度广州主要优势技术小类

IPC主分类号	专利数量(件)	占中国大陆的比重(%)
G07D(处理硬币或有价纸币)	451	14.62
C12Q(包含酶、核酸或微生物的测定或检验方法)	1918	8.27
H01R(导电连接;一组相互绝缘的电连接元件的结构组合;连接装置;集电器)	1953	6.66
C12N(微生物或酶;其组合物等)	2727	6.36
G07F(投币式设备或类似设备)	637	6.36
G06Q(专门适用于行政、商业、金融、管理、监督或预测目的的数据处理系统或方法)	6266	5.80
A61K(医用、牙科用或梳妆用的配制品)	9364	5.61
G06K(数据识别;数据表示;记录载体)	3651	5.37
G07C(时间登记器或出勤登记器)	639	5.30
F21S(非便携式照明装置或其系统)	1301	5.27
H02J(供电或配电的电路装置或系统;电能存储系统)	2495	5.11
G06T(一般的图像数据处理或产生)	2521	5.08

4. 计算机、通信和其他电子设备制造成为创新热点

该阶段,广州制造业发明专利申请量153498件,比上阶段增长134.46%,占全市比重88.37%;信息传输、软件和信息技术服务业发明专利申请量12200件，比上一阶段增长了76.66%，占全市比重为7.02%。从产业小类来看，C39（计算机、通信和其他电子设备制造业）、C38（电气机械和器材制造业）、C26（化学原料和化学制品制造业）、C40（仪器仪表制造业）、C34（通用设备制造业）、C35（专用设备制造业）、C27（医药制造业）、I63（电信、广播电视和卫星传输服务）发明专利占全市的比重均超过5%（见表4-9），可见，这八个行业技术创新十分活跃。进一步来看，C39（计算机、通信和其他电子设备制造业）发明专利申请量25057件，跃居行业第一位，比上一阶段增长了255.22%，占比14.43%，比上一阶段提升了5.12个百分点。该阶段，C39（计算机、通信和其他电子设备制造业）快速增长，超过C26（化学原料和化学制品制造业）、C27（医药制造业），成为广州技术创新最热门行业。

表4-9 2016—2020年第一季度广州主要全球发明专利申请热点行业

排名	国民经济行业分类	专利数量（件）	占广州的比重（%）
1	C39（计算机、通信和其他电子设备制造业）	25057	14.43
2	C38（电气机械和器材制造业）	16513	9.51
3	C26（化学原料和化学制品制造业）	16387	9.43
4	C40（仪器仪表制造业）	15414	8.87
5	C34（通用设备制造业）	13911	8.01
6	C35（专用设备制造业）	11808	6.80
7	C27（医药制造业）	10731	6.18
8	I63（电信、广播电视和卫星传输服务）	10515	6.05

5. 企业专利申请量超过六成

从中国专利申请人类型来看，该阶段广州企业发明专利申请量占广州发明专利申请总量的 61.79%，比上一阶段增加 13.88 个百分点；第二位是大专院校，占比达 24.01%；第三位是个人，占比达 10.46%，比上一阶段下降 4.95 个百分点。总的来看，该阶段广州企业专利申请量超过六成，企业的技术创新动力更加强劲，是技术发展的重要推动力量。

6. 前十机构专利集中度有所下降

从前十申请机构来看，华南理工大学、广东工业大学、中山大学居前三位，占比分别为 7.44%、5.06%、2.57%（见表 4-10）。该阶段，前十申请机构发明专利集中度为 24.23%，比上阶段下降 6.37 个百分点。其中，华南理工大学和中山大学分别下降 4.58 个百分点和 2.71 个百分点。可见，随着大众创新环境的持续优化，越来越多的市场主体加入技术创新行列，技术创新不再是"高大上"机构的独享，而是各市场主体的"标配"。

表 4-10　2016—2020 年第一季度广州全球发明专利技术申请前十机构

第一申请人	专利数量（件）	占广州的比重（%）
华南理工大学	12917	7.44
广东工业大学	8793	5.06
中山大学	4466	2.57
广东电网有限责任公司	3487	2.01
广州视源电子科技股份有限公司	2950	1.70
华南农业大学	2907	1.67
华南师范大学	1736	1.00
暨南大学	1678	0.97
南方电网科学研究院有限责任公司	1609	0.93
广州大学	1538	0.89

7. 与中国台湾的合作占境外合作的一半

从境外合作来看，共有专利合作597件，占广州同期全部专利的0.34%。其中和中国台湾、韩国、美国的合作居多，占境外合作总量的比重分别达49.58%、21.1%、10.39%。从合作机构来看，台湾光宝科技股份有限公司和光宝电子（广州）有限公司合作250件，主要合作领域为G06F（电数字数据处理）、H01H（电开关；继电器）、H04N（图像通信）、G02B（光学元件）、H02M（用于交流和交流之间）、F21S（非便携式照明装置或其系统）、G11C（静态存储器）；三星电子株式会社和广州三星通信技术研究有限公司合作120件，主要合作领域为G06F（电数字数据处理）、H04M（电话通信）。

（四）小结

从2005年以前、2006—2015年、2016年以来三个阶段来看，广州全球发明专利申请量从7414件增长到75733件，再增长到173693件，占同期全球发明专利申请量比重则从0.03%提升到0.38%，再提升到1.35%。可以看出，广州的专利技术申请规模不断扩大，在全球占比不断提升。反映广州的技术水平不断提高，在全球技术发展中发挥着越来越大的作用。

1. 中国专利占比超94%，境外专利大幅增长

从发明专利申请地域来看，中国发明专利是广州发明专利的主要申请地，占比超过94%。在2005年以前、2006—2015年、2016年以来的三个阶段中，广州的境外专利申请分别为209件、4295件、9523件，第二阶段比第一阶段增长195.5%，第三阶段比第二阶段增长121.7%。境外专利申请地也从第一阶段的7个，增加到第二阶段的15个，再增加到第三阶段的17个。世界知识产权组织是广州境外专利主要申请地，三阶段分别为168件、2753件、6525件，占境外申请量的80%、64%、69%。美国、欧洲和印度也是广州境外专利主要申请国。总的

来看，广州的技术和产品主要还是面对国内市场，满足国内需求；随着境外申请的专利技术大幅增长，更多的广州产品和技术正走向国际市场。

2. 热点技术从 A61 向 G06 转变

在广州技术发展的三个不同阶段，可以很清晰地看到，A61（医学或兽医学；卫生学）发明专利申请量占全市的比重从第一阶段的 17.22%，下降到第二阶段的 9.82%，再下降到第三阶段的 8.79%；相应地，A61K（医用、牙科用或梳妆用的配制品）发明专利申请量占全市的比重从第一阶段的 12.67%，下降到第二阶段的 6.4%，再下降到第三阶段的 5.39%。而 G06（计算；推算；计数）的占比则从第一阶段的 3.59%，上升到第二阶段的 9.07%，再上升到第三阶段的 14.57%，超过医学，成为第一技术热点；而其中 G06F（电数字数据处理）的占比则从第一阶段的 3.08%，上升到第二阶段的 5.69%，再上升到第三阶段的 7.21%，超过 A61K，成为第一热点。可以说广州的技术演进是由 2005 年以前的以医学为主要领域，发展到 2006—2015 年的医学与计算技术并举，再到 2016 年以后的以计算技术为主的。

3. 具有国内优势的技术不断扩展

从技术大类来看，在全国有优势的技术从第一阶段的 C08（有机高分子化合物；其制备或化学加工；以其为基料的组合物），增加到第二阶段的 G07（核算装置）、C12（生物化学；啤酒；烈性酒；果汁酒；醋；微生物学；酶学；突变或遗传工程），而到了第三阶段 G07（核算装置）、C12（生物化学；啤酒；烈性酒；果汁酒；醋；微生物学；酶学；突变或遗传工程）、F21（照明）、G10（测量；测试）四大技术领域在全国具有优势。进一步从技术小类来看，第一阶段的优势领域是 C08B（多糖类；其衍生物）、G07F（投币式设备或类似设备）等五大领域，第二阶段的优势领域为 G07D（处理硬币或有价纸币）、

C12Q（包含酶、核酸或微生物的测定或检验方法）、C12N（微生物或酶）、C08G（用碳—碳不饱和键以外的反应得到的高分子化合物）四个，而到了第三阶段，广州的国内技术优势领域扩大到G07D（处理硬币或有价纸币）、C12Q（包含酶、核酸或微生物的测定或检验方法）、H01R（导电连接；一组相互绝缘的电连接元件的结构组合；连接装置；集电器）、C12N（微生物或酶；其组合物等）、G07F（投币式设备或类似设备）等12个，并且涉及5大门类。可以说，从三个阶段技术发展来看，广州的优势技术门类不断扩展，技术领域不断扩大。

值得一提的是，G07D（处理硬币或有价纸币）、C12Q（包含酶、核酸或微生物的测定或检验方法）、C12N（微生物或酶；其组合物等）在第二、第三个阶段处于国内优势技术地位。不仅如此，C12Q（包含酶、核酸或微生物的测定或检验方法）、C12N（微生物或酶；其组合物等）在全国的占比分别从第二阶段的6.94%、5.36%提高到第三阶段的8.27%、6.36%，其优势不断强化。

4. 制造业是技术创新重点，计算机、通信和其他电子设备制造快速增长

从产业大类来看，制造业的发明专利在三阶段始终居于首位，占比分别为91.56%、86.45%、88.3%。进一步从制造行业来看，整个产业技术的演进过程，主要是计算机、通信和其他电子设备制造业技术飞速发展，超过医药制造、化学原料和化学制品制造业的过程。在第一阶段，计算机、通信和其他电子设备制造业发明专利占全市比重4.4%，落后排名第一的医药制造业11.14个百分点；进入第二阶段，计算机、通信和其他电子设备制造业发明专利增长2063.8%，占全市比重9.31%，落后排名第一的化学原料和化学制品制造业2.15个百分点；进入第三阶段，计算机、通信和其他电子设备制造业发明专利增长255.22%，占全市比重14.43%，领先化学原料和化学制品

制造业 5 个百分点，领先医药制造制造业 8.25 个百分点。

5. 企业专利大幅增长，成为技术创新发展的重要主体

从中国专利申请人类型来看，三阶段中最大的变化是企业专利大幅增长，占比不断增加，从第一阶段的 1328 件、18.43%，上升到第二阶段的 34224 件、47.91%，又提升到第三阶段的 101443 件、61.79%；企业在各申请主体中的排名也从第一阶段的第三位，跃升到第二阶段的第一位。而与此同时，个人专利申请占全市的比重，则从第一阶段的 39.39%，下降到第二阶段 15.41%，又下降到第三阶段的 10.46%。总的来看，广州企业的创新动力不断增强，成为技术发展的重要推动力量，使得广州专利技术的主体结构更加优化，反映了广州技术和经济结合更加紧密，技术进步更好地推动着经济发展。

6. 华南理工大学居首位，前十机构的集中度不断下降

从申请机构来看，在三阶段中，华南理工大学的发明专利申请量都位居首位，占全市比重甚至达到 12%，可以说华南理工大学是广州技术创新的龙头，对广州技术发展发挥着重要作用。从前十申请机构发明专利集中度来看，三阶段呈现出不断下降的趋势，从第一阶段的 32%，下降到第二阶段 30%，又下降到第三阶段的 24%，说明随着越来越多的机构加入技术创新行列中，技术发明更加趋向于分散。进一步分析前十申请机构的变化，可以看到第二阶段的广东威创视讯科技股份有限公司、京信通信系统（中国）有限公司，第三阶段的广东电网有限责任公司、广州视源电子科技股份有限公司等企业进入前十申请机构中，说明广州孕育出了一批创新型企业，它们高度重视研发，创新能力强劲，将成为推动广州技术创新的中坚力量。

7. 中国台湾是第一大境外合作伙伴

从境外合作地区来看，在三阶段中，中国台湾都是广州的第一大合作伙伴，在广州全球发明专利合作申请总量中，与中国台湾合作申请的占比分别为 37.78%、48.76%、49.58%。从

合作机构来看，2005年以前主要是个人间的合作，而后两个阶段，主要是台湾光宝科技股份有限公司、韩国三星电子株式会社与广州相关机构的合作。从合作领域来看，三个阶段中，广州与境外合作的领域分别为25个、148个和123个，其中，G06F（电数字数据处理）领域是重要的合作领域，其合作申请占广州全球发明专利合作申请总量的比重从第一阶段的11.11%，提升到第二、第三阶段的15.95%、15.08%。总的来看，广州境外技术合作呈现出合作领域不断增加、合作规模不断扩大的态势，G06F是重要的合作领域，中国台湾是重要的合作伙伴。

二 发展现状

2016—2020年第一季度，广州全球发明专利申请量共173693件，仅约为上海的64.4%、深圳的43.1%、北京的34.3%。可见，与北京、上海、深圳相比，广州的技术发展总体上看还存在不小差距。

（一）技术布局

1. 国际化程度还有待提高

从专利分布来看，广州共向18个专利局提交了发明专利申请，境外布局专利数量占比为5.48%。北京共向20个专利局提交了发明专利申请，境外布局专利数量占比为11.56%。上海共向22个专利局提交了发明专利申请，境外布局专利数量占比为8.88%。深圳共向21个专利局提交了发明专利申请，境外布局专利数量占比为30.24%。

2. 向主要局申请的占比偏低

从专利公开国别来看，广州向世界知识产权组织、美国、欧洲专利局、印度、加拿大、日本等的专利申请比重均低于北京、上海和深圳（见表 4-11），其中，向世界知识产权组织、美国及欧洲专利局申请专利的比重分别比深圳低 14.31 个百分点、5.61 个百分点、3.72 个百分点。综合来看，广州境外专利占比偏低，尤其是向世界知识产权组织、美国及欧洲专利局等主要专利局专利申请比重偏低，说明广州专利国际化程度比较低，反映出其技术及产品走向国际市场的比例还有待提高。

表 4-11　　2016—2020 年第一季度北上广深全球发明专利申请主要公开国

专利公开国别	广州	北京	上海	深圳
世界知识产权组织	3.76%	5.40%	4.21%	18.07%
美国	0.90%	3.99%	2.79%	6.51%
欧洲专利局	0.37%	1.22%	0.99%	4.09%
印度	0.16%	0.39%	0.23%	0.74%
加拿大	0.06%	0.08%	0.13%	0.15%
日本	0.06%	0.36%	0.25%	0.37%

（二）技术领域

1. 某些技术处于领先状态，但优势领域仍十分有限

2016 年以来，从全球发明专利 IPC 技术大类来看，在 G07、C12、F21、G10 四大领域中，广州占国内比重均超过 5%。而从 IPC 技术小类来看，在 G07D、C12Q、H01R、C12N、G07F 等 12 个领域，广州占国内比重均超过 5%。说明在上述四大类、12 小类技术领域中，广州有一定国内优势。值得一提的是，从全球范围来看，在 G07D 领域，广州占全球该领域发明专利比重达到 5.23%，具有一定技术优势。

但和国内先进城市相比，广州具有的这些优势还十分有限。北京有 11 大类、19 小类技术在全球领先，深圳有 7 大类、16 小类技术在全球领先，上海有 19 大类、24 小类技术在全国领先。

总的来看，广州在某些技术领域已经达到全球或全国领先的水平，但和北京、深圳和上海相比，无论是在全球还是在全国领先的领域均十分有限，还有很大的提升空间。

2. 热点技术更倾向于医药卫生领域

自2016年以来，广州的热点技术主要集中在G06、A61、G01、H04四大领域，而上海的技术热点主要集中在G06、H04、G01、H01、A61五大领域，而G06、H04、G01、H01是北京的热点技术，H04、G06、H01则是深圳的热点。总的来看，虽然占比和位次不尽相同，广州和其他三城市的热点都主要集中在G06、A61、G01、H04、H01五大领域。相比较而言，广州A61相对居前。从技术小类来看，广州的主要技术热点是G06F、A61K，北京的技术热点是G06F、H04L，上海的技术热点是G06F，深圳则是G06F、H04L、H04W。可以看出，四城市的第一热点都是G06F，广州的技术热点更倾向于A61K，而深圳和北京更倾向于H04L。

3. 热点行业多达八个，四行业占比较高

从2016年以来的全球发明专利来看，广州的产业热点主要集中在C39、C38、C26、C40、C34、C35、C27、I63八个行业，上海的主要产业热点则是C39、C40、C38、C34等八个行业，北京的热点为C39、I63、C40等五个行业，深圳的热点为I63、C39、C38、C40四个行业，广州的热点行业明显多于北京和深圳。值得一提的是，广州在C38、C26、C35、C27四大行业占全市的专利比重居四城市之首，其中，化学原料和化学制品制造业发明专利占比分别比北京、上海、深圳高3.72个百分点、1.68个百分点、7.34个百分点，与北京、深圳更聚焦计算机、通信和其他电子设备制造和电信、广播电视和卫星传输服务相比，广州的行业热点偏向于化学原料和化学制品制造业、电气机械和器材制造业。

4. 组织结构相对分散

从技术集中度来看，广州 IPC 大类前十大领域占全市全球发明专利总量的 55.53%，略低于上海（56.20%），但远远落后于北京（66.42%）和深圳（73.83%），广州 IPC 小类前十大领域占全市全球发明专利总量的 30.42%，与上海基本持平，但远低于北京（42.88%）和深圳（51.28%）。而从行业集中度来看，广州前十大制造行业占全市全球发明专利总量的 74.17%，也低于上海（75.10%）、北京（76.39%）和深圳（82.52%）。可见，与国内先进城市相比，广州技术和产业集中度较低，属于相对分散的组织模式，这种模式的优点就是相对稳定，而其不足则是难以形成技术合力，进行技术突破。

（三）技术主体

1. 高校的技术能力在国内十分突出

从 2016 年以来的全球发明专利来看，位于广州机构首位的华南理工大学发明专利总量 12917 件，高于清华大学、上海交通大学和深圳大学。位于广州机构第二位的广东工业大学发明专利总量 8793 件，也高于北京高校第二位的北京航空航天大学、上海高校第二位的同济大学。不仅如此，十大机构中，大专院校占了 7 席，占全市的比重达到 19.58%，远高于深圳（1.06%）、北京（15.29%）、上海（17.15%）。而从中国发明专利来看，广州大专院校专利占全市比重达到 24.01%，同样高于深圳（3.47%）、北京（5.03%）、上海（11.94%）。可见，以华南理工大学为首的广州高校，充分发挥高端资源集聚、技术人才会集等优势，结合经济社会发展需求，拥有了较强的技术创新能力，有力地推动了广州经济社会发展。

2. 企业的创新能力仍有待提升

企业是技术创新的主体，是推动技术发展的重要力量。从中国发明专利来看，广州企业发明专利总量 101443 件，仅仅为上海的57.38%、深圳的40.62%、北京的32.76%。进一步从企业发明专利在全市发明专利的占比来看，与北京、上海和深圳相比，广州分别低7.29个百分点、10.15个百分点、26.98个百分点。而从全球发明专利申请机构来看，居广州企业之首的广东电网有限责任公司，其发明专利申请量不到中芯国际集成电路制造（上海）有限公司的75%、京东方科技集团股份有限公司的10%、深圳华为科技有限公司的5%。可见，无论从规模上、结构上，还是从领先企业来看，与国内先进城市相比，广州企业的技术创新能力都还有很大的提升空间。

（四）技术合作

1. 境外合作有待加强

从境外技术合作规模来看，广州全球发明专利合作597件，约为北京的11.9%、上海的10.9%、深圳的13.2%。从境外技术合作占比来看，广州仅为0.34%，分别比北京、上海、深圳低0.65个百分点、1.69个百分点、0.78个百分点。也就是说，无论从境外技术合作规模来看，还是从技术合作程度来看，广州的境外合作都处于较低的水平，有待进一步加强。

2. 和技术领先国家的合作有待增强

从和美国技术合作来看，广州只有62件和美国的发明专利技术合作，而同期北京有2202件、上海有2062件、深圳有389件。从和日本技术合作来看，广州只有18件，而同期北京有786件、上海有415件、深圳有76件。从和韩国技术合作来看，广州126件，虽然高于上海和深圳，但仅为同期北京的18.5%。可见，广州和美国、日本等技术领先国家的合作还处于起步阶段，需要进一步增强。

第五章　广州人工智能技术发展历程与现状

一　发展历程

截至 2020 年第一季度，广州人工智能技术发明专利申请量共有 7640 件[①]。从公开趋势来看，可分为 2005 年以前、2006—2015 年、2016—2020 年第一季度三个阶段。2005 年以前，广州每年公开的人工智能专利数量基本都是个位数，该阶段是人工智能技术发展的起步阶段。2006—2015 年，专利申请量有了少许增长，属于缓慢增长阶段。2016—2020 年第一季度，广州人工智能专利数量呈现爆发式增长态势（见图 5-1）。

（一）2005 年之前

1. 专利数量少，处于发展的起步阶段

该阶段，广州人工智能专利申请量共有 31 件，全部在中国[②]申请。从技术小类[③]来看，申请量排在前三位的分别是 G06F（电数字数据处理，8 件）、G06K（数据识别等，4 件）、G10L（语音分析或合成、语音识别等，3 件）类别，占比分别为

---

① 本章的专利指的是已公开的全球发明专利，专利数据来源于 incoPat 数据库，检索时间为 2020 年 5—7 月。

② 本章中专利公开国别为"中国"的专利指的是向中国国家知识产权局申请并公开的专利。

③ 本章中的技术分类指的是国际专利分类（IPC）主分类号。

第五章　广州人工智能技术发展历程与现状　153

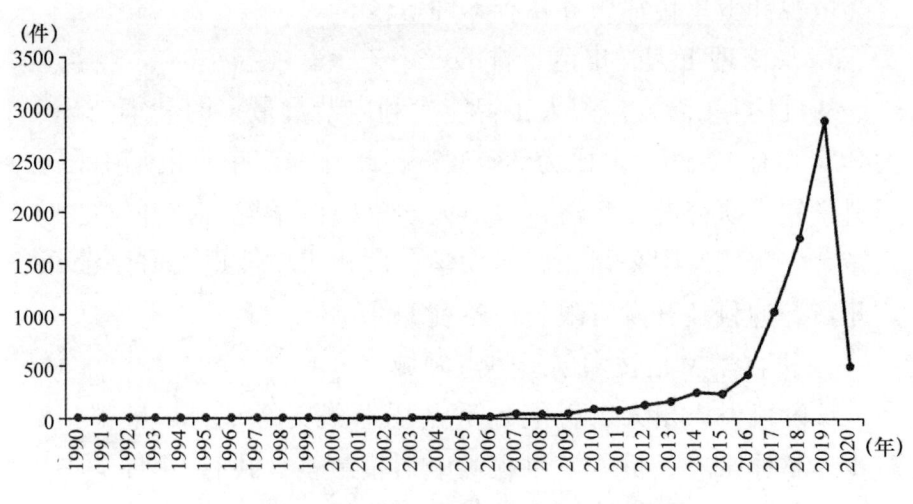

图 5-1　广州人工智能发明专利公开趋势

25.81%、12.90%、9.68%。此外，G05B（一般的控制或调节系统等）和 H04M（电话通信）两类别均有 2 件，A63H（玩具）、B01F（混合）、B23H（电流高度集中的作用在工件上的金属加工等）等 12 个类别各有 1 件。从技术大组来看，G06F19 大组有 3 件，G06F3（用于将所要处理的数据转变成为计算机能够处理的形式的输入装置等）、G10L13（语音合成；文本—语音合成系统）两大组各有 2 件，G06F17（特别适用于特定功能的数字计算设备或数据处理设备或数据处理方法）、A63H30（玩具专用的遥控装置）、B01F15（混合机附件）等 24 个大组各有 1 件。总的来看，此阶段，广州人工智能专利申请量较少，处于发展的起步阶段，且领域分布较为分散。

2. 近四成专利集中在计算机、通信和其他电子设备制造业

从国民经济行业分类来看，广州人工智能的专利较多集中在计算机、通信和其他电子设备制造业，共有 12 件，占比为 38.71%。此外，仪器仪表制造业，文教、工美、体育和娱乐用品制造业，电气机械和器材制造业的专利数量分别有 4 件、3 件、2 件，医药制造业，金属制品业，专用设备制造业，电信、

广播电视和卫星传输服务各有 1 件。

3. 华南理工大学申请量排第一

从机构①来看，广州人工智能专利申请量最多的是华南理工大学，共有 12 件，占比为 38.71%。此外，广东省电信有限公司科学技术研究院有 2 件，中山大学中山医学院科技开发中心、广东粤安集团有限公司、广州大学、广州市丰凌电器有限公司、广州市瀚迪科技开发有限公司各有 1 件。

4. 机器学习是技术创新热点领域

该阶段，广州人工智能各重点技术分支的专利数量都相对较少。整体来看，机器学习领域申请量最多，共有 14 件，占比超过四成，其次是自然语言处理，申请量为 10 件，占比超过三成，计算机视觉和生物特征识别技术分别有 3 件、2 件，无智能驾驶领域专利（见图 5-2）。从第一申请机构来看，华南理工大学在计算机视觉、自然语言处理和机器学习领域均有布局，且是自然语言处理和机器学习领域申请专利数量最多的机构（见表 5-1），是主要的技术推动者。而从技术分类来看，由于本身的数量较少，各重点技术分支的技术组别分布较分散。

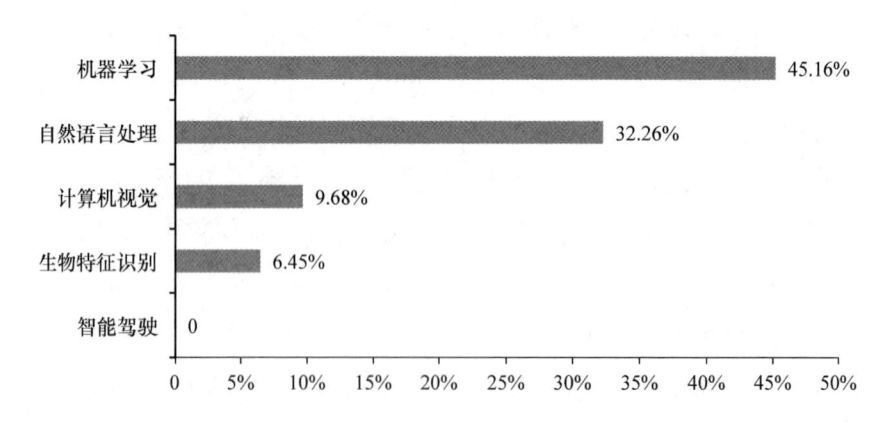

技术分支	占比
机器学习	45.16%
自然语言处理	32.26%
计算机视觉	9.68%
生物特征识别	6.45%
智能驾驶	0

图 5-2　2005 年之前广州人工智能重点技术分支专利数量占比

---

① 本章中的机构均指第一申请机构。

表5-1 2005年之前广州人工智能重点技术分支第一申请机构及技术组别

重点技术分支	第一申请机构	技术组别
计算机视觉（3件）	华南理工大学（1件）、广州市瀚迪科技开发有限公司（1件）	G01B11、G06K5、G06K7各1件
生物特征识别（2件）	广东粤安集团有限公司（1件）	G06F19、G06K9各1件
自然语言处理（10件）	华南理工大学（6件）、广州市丰凌电器有限公司（1件）	G10L13共2件，A63H30、G01C21、G04F10、G06K15、G10L15、H04B1、H04M1、H04M3各1件
机器学习（14件）	华南理工大学（5件）、广东省电信有限公司科学技术研究院（2件）、中山大学中山医学院科技开发中心（1件）、广州大学（1件）	G06F3共2件，A63H30、C12N5、G01N30、G05B13、G05B19、G06F15、G06F17、G06F19、G06F9、G06N3、G08B17、G08C17各1件

（二）2006—2015年

1. 总体情况

（1）总量增长32倍，境外申请占比为2.08%

该阶段，广州人工智能专利申请量共有1051件，比上一阶段增长了近32倍，年均增长38.97%。从技术市场来看，共向4家专利局递交了专利申请。其中，在中国申请的专利数量最多，共有1029件，占比高达97.91%，在境外申请的专利数量占比仅为2.09%。具体来看，通过世界知识产权组织申请的专利数量共17件，在美国、欧洲专利局（EPO）申请的专利分别有4件、1件（见表5-2）。总的来看，与上一阶段相比，广州人工智能专利数量增长迅速，但境外申请量较少。

表5-2　　2006—2015年广州人工智能技术市场分布

专利公开国别/地区	专利数量（件）	占比（%）
中国	1029	97.91
世界知识产权组织	17	1.62
美国	4	0.38
欧洲专利局（EPO）	1	0.10

（2）G06F、G06K、G10L三小类和G06K9、G06F3两大组是技术创新的主要热点

从技术分类来看，G06F（电数字数据处理）技术小类的专利数量最多，共175件，比上一阶段增长了近21倍，占比为16.65%。紧随其后的是G06K（数据识别等）技术小类，专利数量共144件，占比为13.70%。此外，G10L（语音分析或合成；语音识别等）小类的专利数量比重也超过了5%。进一步从技术大组来看，G06K9（用于阅读或识别印刷或书写字符或者用于识别图形）大组专利数量排第一位，共有138件，占比为13.13%，G06F3（用于将所要处理的数据转变成为计算机能够处理的形式的输入装置等）大组的专利数量的比重也超过了5%（见表5-3）。总体来说，该阶段，G06F、G06K、G10L三小类和G06K9、G06F3两大组是人工智能技术创新的主要热点。

表5-3　　2006—2015年广州申请量前十的技术小类及组别

排名	小类	专利数量（件）	占比（%）	大组	专利数量（件）	占比（%）
1	G06F	175	16.65	G06K9	138	13.13
2	G06K	144	13.70	G06F3	85	8.09
3	G10L	75	7.14	G06F17	51	4.85
4	G06T	49	4.66	G06Q10	34	3.24
5	G06Q	48	4.57	G10L15	33	3.14
6	H04N	48	4.57	G06T7	29	2.76

续表

排名	小类	专利数量（件）	占比（%）	大组	专利数量（件）	占比（%）
7	G05B	44	4.19	G05B19	28	2.66
8	A61B	39	3.71	A61B5	25	2.38
9	G01N	39	3.71	G10L19	25	2.38
10	H04L	33	3.14	G06F19	20	1.90

（3）计算机、通信和其他电子设备制造业是最主要的行业热点

从国民经济行业分类来看，计算机、通信和其他电子设备制造业的专利数量仍然最多，共有334件，占比为31.78%，与上一阶段相比，数量增长了近27倍，比重下降了6.93个百分点。仪器仪表制造业专利数量（142件，13.51%）排在第二位，比上一阶段增长了34.5倍，占比提升了0.61个百分点。此外，电信、广播电视和卫星传输服务，文教、工美、体育和娱乐用品制造业的专利数量占比均在5%以上。总体上，该阶段，广州人工智能专利超三成集中在计算机、通信和其他电子设备制造业。

（4）华南理工大学居首

从第一申请机构来看，华南理工大学的专利数量排第一位，共有274件，占比为26.07%，与上一阶段相比，数量增长了近22倍，占比下降了12.64个百分点。中山大学、广东工业大学分别位列第二、第三位，专利申请量各有140件、60件，占比均超过5%，分别为13.32%、5.71%（见表5-4）。此外，广东威创视讯科技股份有限公司、广东电网公司电力科学研究院、华南农业大学、广州供电局有限公司、暨南大学、广州广晟数码技术有限公司、中国移动通信集团广东有限公司7家机构进入申请量排名前十的行列。从机构类型来看，进入前十名的机构中，有5家高校、5家企业。值得注意的是，排名前三的机构

均是高校，企业中排名第一的广东威创视讯科技股份有限公司，其专利数量也仅为华南理工大学的九分之一左右。可见，广州人工智能专利布局突出的企业相对偏少。

表 5-4 2006—2015 年广州人工智能发明专利申请量排名前十的第一申请机构

排名	第一申请机构	专利数量（件）	占比（%）
1	华南理工大学	274	26.07
2	中山大学	140	13.32
3	广东工业大学	60	5.71
4	广东威创视讯科技股份有限公司	32	3.04
5	广东电网公司电力科学研究院	23	2.19
6	华南农业大学	21	2.00
7	广州供电局有限公司	16	1.52
8	暨南大学	11	1.05
9	广州广晟数码技术有限公司	10	0.95
10	中国移动通信集团广东有限公司	9	0.86

2. 重点技术分支

整体来看，该阶段，机器学习仍然是广州人工智能技术发展的主要方向，专利数量共 480 件，占比超过四成（见图 5-3）。其次是计算机视觉，共有 275 件，占比超过两成。自然语言处理和生物特征识别技术领域的专利数量相当，分别有 124 件、103 件，占比均在 10% 左右。智能驾驶作为人工智能技术的具体应用领域，专利数量最少，仅 20 件。

（1）机器学习

①专利数量增长较快，境外申请量占比为 1.67%

从数量上来看，该阶段，广州机器学习领域专利申请量共

第五章 广州人工智能技术发展历程与现状

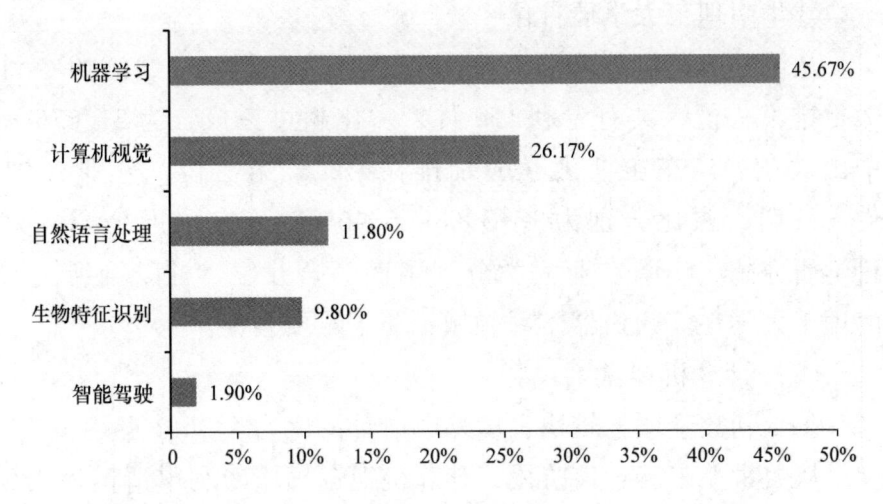

```
机器学习        45.67%
计算机视觉      26.17%
自然语言处理    11.80%
生物特征识别     9.80%
智能驾驶         1.90%
         0  5%  10%  15%  20%  25%  30%  35%  40%  45%  50%
```

图5-3 2006—2015年广州人工智能重点技术分支专利数量占比

有480件，占比为45.67%，比上一阶段增长了33倍，占比提高了0.51个百分点。从技术市场来看，在国内申请的专利数量共472件，占比为98.33%，境外申请数量共8件，占比仅为1.67%，其中，通过世界知识产权组织申请了7件专利，在美国申请了1件。可以看到，机器学习专利数量增长较快、比重较大，是人工智能技术发展的主要方向。

②G06F3等四大组技术创新态势较为活跃

从技术分类来看，G06F3（用于将所要处理的数据转变成为计算机能够处理的形式的输入装置等）大组专利数量最多，共49件，占比为10.21%。其次是G06K9（用于阅读或识别印刷或书写字符或者用于识别图形）大组，专利数量共45件，占比为9.38%。与此同时，G06F17（特别适用于特定功能的数字计算设备或数据处理设备或数据处理方法）、G06Q10（行政；管理）大组的数量占比也都超过了5%，各有28件，占比均为5.83%。总的来看，广州机器学习领域G06F3、G06K9、G06F17、G06Q10大组的技术创新态势较为活跃。

③华南理工大学居首位

从第一申请机构来看,华南理工大学机器学习领域的专利数量排第一位,共有专利152件,占比超过三成,为31.67%。中山大学、广东工业大学分别排在第二、第三位,分别有64件、31件,占比分别为13.33%、6.46%。广东电网公司电力科学研究院、华南农业大学分列第四、第五位。可以看到,华南理工大学在广州机器学习领域扮演了重要角色。

(2) 计算机视觉

①专利数量增长较快,境外申请量占比为4.36%

从数量上来看,该阶段,计算机视觉领域专利申请量为275件,占比超过两成,比上一阶段增长了近91倍,比重提高了16.49个百分点。从技术市场来看,广州在国内申请的专利申请量共263件,占比为95.64%。境外申请数量共12件,占比为4.36%,高出人工智能整体水平2.28个百分点。其中,通过世界知识产权组织申请的专利数量有8件,在美国和欧洲专利局(EPO)申请的专利分别有3件、1件。总的来看,这一阶段,计算机视觉是人工智能发展较快的细分技术。

②G06K9、G06F3、G06T7三大组是技术热点

从技术分类来看,G06K9(用于阅读或识别印刷或书写字符或者用于识别图形)大组集中的专利数量最多,共有60件,占广州计算机视觉申请总量的比重达到21.82%。与此同时,G06F3(用于将所要处理的数据转变成为计算机能够处理的形式的输入装置;用于将数据从处理机传送到输出设备的输出装置,27件,9.82%)、G06T7(图像分析,19件,6.91%)两大组的专利数量也相对较多,占比均在5%以上,是重要的创新热点。

③华南理工大学申请量排第一

从第一申请机构来看,华南理工大学该领域的专利申请量最多,共77件,占比为28%。其次是中山大学和广东威创视讯

科技股份有限公司，专利数量分别有33件、20件，占比分别为12%、7.27%。此外，广东工业大学和广电运通分别排在第四、第五位。

（3）自然语言处理

①专利数量比重有所降低

从数量上来看，广州自然语言处理领域专利申请量共有124件，占比为11.80%，比上一阶段增长了近12倍，但占比降低了20.46个百分点。从技术市场来看，在国内申请的专利占据绝大多数，共有123件，仅通过世界知识产权组织申请了1件境外专利，占比约为0.81%。可以看到，自然语言处理领域专利数量增长速度较快，但占比却降低了不少。

②G10L15、G10L19大组是技术进步的主要方向

从技术分类来看，G10L15（语音识别）大组的专利数量排第一位，共有29件，占比为23.39%。紧接着的是G10L19（用于冗余度下降情形的语音或音频信号分析—合成技术等）大组，专利数量有24件，占比为19.35%。二者专利申请量之和接近自然语言处理技术专利总量的43%，是广州自然语言处理技术进步的主要方向。

③华南理工大学和中山大学是主要的技术发明者

从第一申请机构来看，华南理工大学申请量排在第一位，共有28件，占比超过两成，为22.58%，第二位是中山大学，申请量为22件，占比为17.74%，二者的申请量之和的比重高达40.32%。此外，广州广晟数码技术有限公司排在第三位，专利数量共10件，占比为8.06%，广东外语外贸大学、广东工业大学分别排在第四、第五位。总的来看，华南理工大学和中山大学是主要的技术发明者。

（4）生物特征识别

①专利数量及占比均有提升，全部在国内申请

该阶段，广州生物特征识别领域专利申请量共有103件，

占比为9.80%，全部在国内申请，与上一阶段相比，数量增长了近51倍，占比提高了3.35个百分点。总的来看，生物特征识别领域专利数量接近人工智能专利总量的一成，数量及占比均有提升。

②G06K9大组是最主要的技术热点

从技术分类来看，生物特征识别领域的专利更多集中在G06K9（用于阅读或识别印刷或书写字符或者用于识别图形）大组，专利数量有51件，占比高达49.51%。此外，G07C9（独个输入口或输出口登记器）大组的专利数量有7件，占比为6.80%，G06F21大组（防止未授权行为以保护计算机、部件、程序或数据的安全装置）的专利数量占比接近5%。由此可见，该阶段，G06K9大组是生物特征识别技术最主要的创新热点。

③中山大学申请量居首

从第一申请机构来看，申请量排在第一位的是中山大学，专利数量共16件，占比为15.53%，紧随其后的是华南理工大学，专利数量15件，占比为14.56%，二者专利申请量之和占生物特征识别领域的专利总量三成以上。此外，广东工业大学、广州远信网络科技发展有限公司、佳都新太科技股份有限公司也是申请量排名前五的机构。

(5) 智能驾驶

①处于技术发展起步阶段

从专利数量来看，广州智能驾驶领域专利申请量共有20件，占比仅为1.90%。其中，在国内申请19件，通过世界知识产权组织申请1件。总的来看，该阶段，广州智能驾驶技术处于发展起步阶段。

②技术分类及机构分布较为分散

从技术分类来看，A61G5（专门适用于病人或残疾人的椅子或专用运输工具的）和H01M10（二次电池；及其制造）大组各有 2 件，B29C70（成型复合材料，即含有增强材料、填料或预成型件的塑性材料）、B60W30（不与某一特定子系统的控制相关联的道路车辆驾驶控制系统的使用）、B60W40（不与某一特定子系统的控制相关联的道路车辆驾驶控制系统的驾驶参数的判断或计算）等 16 大组各有 1 件。从第一申请机构分布来看，华南理工大学、华南农业大学的申请量排在前两位，分别有 6 件、2 件（见表 5-5）。总的来看，智能驾驶领域技术分类较为分散，每个机构的专利数量都偏少。

表 5-5　2006—2015 年广州智能驾驶专利第一申请机构

第一申请机构	专利数量（件）	占比（%）
华南理工大学	6	30.00
华南农业大学	2	10.00
广东工业大学	1	5.00
广东百泰科技有限公司	1	5.00
广东轻工职业技术学院	1	5.00
广州市伟达力电器有限公司	1	5.00
广州橙行智动汽车科技有限公司	1	5.00
广州科苑新型材料有限公司	1	5.00
广州金升阳科技有限公司	1	5.00

（三）2016—2020 年第一季度

1. 总体情况

（1）专利数量增长迅猛，境外技术市场有所拓展

该阶段，广州人工智能专利申请量共 6558 件，比上一阶段增长了 5.2 倍，2016—2019 年，年均增长 90.60%[①]。从技术市

---

① 由于 2020 年的专利未完全公开，此处计算的年均增长率的时间跨度为 2016—2019 年。

场来看，广州共向7家专利局递交了专利申请。其中，国内是广州人工智能技术布局的主要市场，专利申请量共有6342件，占比为96.71%，在境外申请的专利数量占比为3.29%，比上一阶段提升了1.21个百分点。具体来看，通过世界知识产权组织申请专利是开展境外布局的主要方式，申请量共有159件，占比为2.42%。与此同时，广州在美国、欧洲专利局（EPO）、印度、智利、日本也申请了专利（见表5-6）。

表5-6　2016—2020年第一季度广州人工智能技术市场分布

专利公开国别/地区	专利数量（件）	占比（%）
中国	6342	96.71
世界知识产权组织	159	2.42
美国	34	0.52
欧洲专利局（EPO）	12	0.18
印度	8	0.12
智利	2	0.03
日本	1	0.02

（2）G06K等4小类和G06K9等3大组技术创新态势活跃

从技术分类来看，G06K（数据识别等）技术小类超过G06F（电数字数据处理），成为专利申请量最多的类别，共有1434件，占广州发明专利申请总量的21.87%，比上一阶段提升了8.17个百分点。G06F小类申请量为1072件，占比为16.35%，比上一阶段减少了0.3个百分点。与此同时，G06T（一般的图像数据处理或产生）、G06Q（专门适用于行政、商业、金融、管理、监督或预测目的的数据处理系统或方法等）小类的专利申请量占比也超过5%，是重要的创新热点。进一步从技术大组来看，G06K9（用于阅读或识别印刷或书写字符或者用于识别图形）仍然是技术创新态势最活跃的组别，专利申请量有1400件,占比为21.35%,比上阶段提升了8.22个百分点。此外,G06T7(图像分析)、G06F17(特别适用于特定功能的数字计算设备或数据处理设备或数据处理方法)两大组的专利数量占比均超过5%,技术创新较为活跃(见表5-7)。

表5-7　2016—2020年第一季度广州申请量前十的技术小类及组别

排名	小类	专利数量(件)	占比(%)	大组	专利数量(件)	占比(%)
1	G06K	1434	21.87	G06K9	1400	21.35
2	G06F	1072	16.35	G06T7	386	5.89
3	G06T	615	9.38	G06F17	362	5.52
4	G06Q	458	6.98	G06Q10	270	4.12
5	G10L	265	4.04	G06F16	236	3.60
6	G06N	193	2.94	G06F3	236	3.60
7	B25J	163	2.49	G10L15	160	2.44
8	H04L	151	2.30	G06N3	159	2.42
9	H04N	145	2.21	G05D1	119	1.81
10	A61B	132	2.01	B25J9	97	1.48

(3)计算机、通信和其他电子设备制造业是最主要的行业热点

从国民经济行业分类来看,计算机、通信和其他电子设备制造业仍然是人工智能最主要的行业热点,专利数量共有3392件,占比超五成,为51.72%,比上一阶段提升了19.94个百分点。技术创新活跃的行业还有仪器仪表制造业(697件,10.63%),文教、工美、体育和娱乐用品制造业(347件,5.29%),电信、广播电视和卫星传输服务(332件,5.06%),专利数量占比都超过5%。

(4)华南理工大学居首位,广东工业大学进步明显

从申请量排名前十的第一申请机构来看,华南理工大学仍

然处于广州人工智能专利技术发展的"龙头"地位,共申请了937件专利,占比为14.29%,相比上一阶段减少了11.78个百分点。广东工业大学超过中山大学,排在第二位,专利数量共669件,占比为10.20%,提高了4.49个百分点,进步态势明显。排名第三的中山大学申请的专利数量为509件,占比为7.76%,减少了5.56个百分点(见表5-8)。从机构类型来看,排在前十位的机构中,高校有8家,企业仅2家,人工智能技术创新活跃的头部企业仍然偏少。

表5-8　2016—2020年第一季度广州人工智能专利申请量前十的第一申请机构

排名	第一申请机构	专利数量（件）	占比（%）
1	华南理工大学	937	14.29
2	广东工业大学	669	10.20
3	中山大学	509	7.76
4	广东电网有限责任公司	158	2.41
5	广州视源电子科技股份有限公司	152	2.32
6	广州大学	112	1.71
7	华南农业大学	109	1.66
8	广东技术师范学院	92	1.40
9	华南师范大学	90	1.37
10	暨南大学	62	0.95

2. 重点技术分支

整体来看,该阶段,机器学习依旧是广州人工智能技术发展的主要方向,专利数量共3531件,占比超过五成。其次是计算机视觉,共有1077件,占比为16.42%。生物特征识别、自然语言处理、智能驾驶技术领域的专利数量分别有760件、482件、237件,占比分别为11.59%、7.35%、3.61%(见

图5-4）。

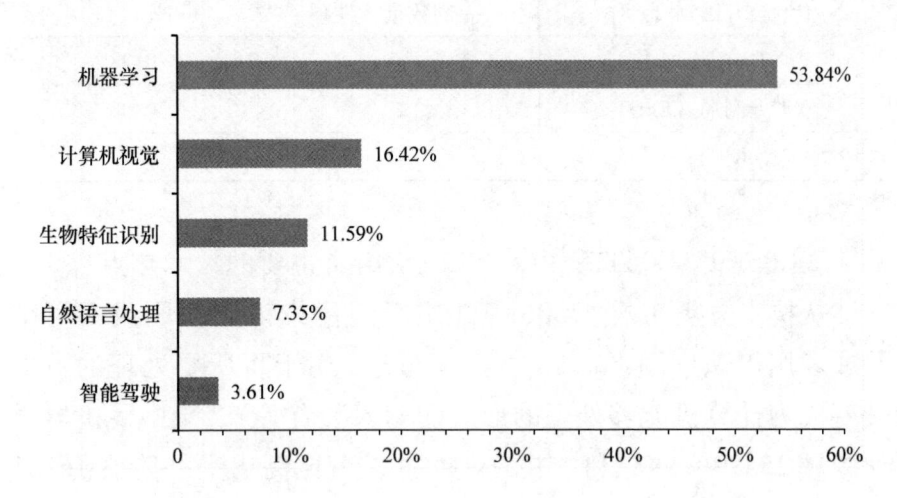

技术分支	占比
机器学习	53.84%
计算机视觉	16.42%
生物特征识别	11.59%
自然语言处理	7.35%
智能驾驶	3.61%

图5-4 2016—2020年第一季度广州人工智能重点技术分支专利数量占比

（1）机器学习

①专利数量占比逐步提高，境外申请占比有所提升

从总量上来看，机器学习领域专利申请量共3531件，占广州人工智能专利总量的比重为53.84%，比上一阶段提高了8.17个百分点。从技术市场来看，在国内申请的专利数量为3458件，占比达97.93%，在境外申请的专利数量占比为2.07%，提高了0.4个百分点。具体来看，通过世界知识产权组织申请的专利数量为60件，在美国、欧洲专利局（EPO）、印度也申请了专利（见表5-9）。可以看到，这一阶段，机器学习领域集中的专利数量超过了五成，且占比逐步提高，境外申请专利占比有所提升，技术创新态势较好。

表5-9 2016—2020年第一季度广州机器学习技术市场分布

专利公开国别/地区	专利数量（件）	占比（%）
中国	3458	97.93
世界知识产权组织	60	1.70

续表

专利公开国别/地区	专利数量（件）	占比（%）
美国	10	0.28
欧洲专利局（EPO）	2	0.06
印度	1	0.03

②G06K9、G06T7、G06F17 三大组是主要的技术热点

从技术分类来看，G06K9（用于阅读或识别印刷或书写字符或者用于识别图形）超过了 G06F3（用于将所要处理的数据转变成为计算机能够处理的形式的输入装置等），集中了机器学习领域 25.89% 的专利，共有 914 件，占比高出上一阶段 16.51 个百分点，是最主要的技术创新热点。此外，G06T7（图像分析，237 件）、G06F17（特别适用于特定功能的数字计算设备或数据处理设备或数据处理方法，230 件）、G06Q10（行政；管理，190 件）大组的专利数量占比也都超过了 5%，分别为 6.71%、6.51%、5.38%，技术创新态势较为活跃。总的来看，G06K9、G06T7、G06F17 三大组是机器学习领域的主要技术热点，其中，G06K9 大组技术创新态势表现最为抢眼。

③华南理工大学是重要推动者，广东工业大学进步态势凸显

从第一申请机构来看，申请量排名前三的依次是华南理工大学（728 件）、广东工业大学（487 件）、中山大学（388 件），占比分别为 20.62%、13.79%、10.99%。其中，广东工业大学的专利数量占比比上一阶段提升了 7.33 个百分点。此外，广东电网有限责任公司、广州视源电子科技股份有限公司排在第四、第五位，专利数量分别有 99 件、80 件，占比在 2%—3%（见表 5-10）。总的来看，华南理工大学仍然是机器学习技术发展的重要推动者，广东工业大学技术进步态势凸显。

表 5-10　2016—2020 年第一季度广州机器学习专利申请量
前五的第一申请机构

排名	第一申请机构	专利数量（件）	占比（％）
1	华南理工大学	728	20.62
2	广东工业大学	487	13.79
3	中山大学	388	10.99
4	广东电网有限责任公司	99	2.80
5	广州视源电子科技股份有限公司	80	2.27

（2）计算机视觉

①专利数量比重有所下降，境外申请占比为 4.83%

从专利数量来看，该阶段计算机视觉领域专利申请量共有 1077 件，占广州人工智能专利申请总量的比重为 16.42%。与上一阶段相比，数量增长了近 3 倍，比重却减少了 9.75 个百分点。从技术市场来看，在国内申请的专利数量共 1025 件，占比为 95.17%，在境外申请的专利数量占比为 4.83%，比上一阶段提升了 0.47 个百分点，超出这一阶段广州人工智能平均水平 1.54 个百分点。具体来看，通过世界知识产权组织申请的专利共有 34 件，占比为 3.16%，在美国、欧洲专利局（EPO）、印度、智利申请的专利数量分别为 9 件、5 件、3 件、1 件（见表 5-11）。

②G06K9、G06T7 大组是主要的技术热点

从技术分类来看，G06K9（用于阅读或识别印刷或书写字符或者用于识别图形）大组的专利数量最多，共有 346 件，占计算机视觉领域专利数量的比重为 32.13%，比上一阶段提升了 10.31 个百分点。G06T7（图像分析）大组的技术创新态势较为活跃，专利申请量共有 168 件，占比为 15.60%，比上一阶段提升了 8.69 个百分点。总的来看，G06K9、G06T7 大组是计算机

视觉主要的技术热点。

表 5-11　2016—2020 年第一季度广州计算机视觉技术市场分布

专利公开国别/地区	专利数量（件）	占比（%）
中国	1025	95.17
世界知识产权组织	34	3.16
美国	9	0.84
欧洲专利局（EPO）	5	0.46
印度	3	0.28
智利	1	0.09

③华南理工大学申请量第一，高校是重要的领导者

从第一申请机构来看，申请量排名前三的机构分别是华南理工大学、中山大学、广东工业大学，专利申请量分别为123件、88件、85件，占比均在5%以上，分别为11.42%、8.17%、7.89%（见表5-12），其中，广东工业大学专利申请量比重比上一阶段提升了3.16个百分点。可以看到的是，华南理工大学、中山大学、广东工业大学等高校是广州计算机视觉领域重要的技术创新领导者。

表 5-12　2016—2020 年第一季度广州计算机视觉专利申请量前五的第一申请机构

排名	第一申请机构	专利数量（件）	占比（%）
1	华南理工大学	123	11.42
2	中山大学	88	8.17
3	广东工业大学	85	7.89
4	华南农业大学	32	2.97
5	广州视源电子科技股份有限公司	28	2.60

(3) 生物特征识别

①专利数量占比有所提升,境外技术市场有所突破

这一阶段,生物特征识别领域专利申请量共有760件,占广州人工智能专利申请总量的比重为11.59%,比上一阶段提升了1.79个百分点。从技术市场来看,在中国申请的专利数量为729件,占比为95.92%,在境外申请的专利数量占比为4.08%,与上一阶段相比,实现了"零"的突破。具体来看,通过世界知识产权组织申请的专利数量为18件,占比为2.37%,此外,在美国、欧洲专利局(EPO)、印度、智利均进行了申请(见表5-13)。

表5-13　2016—2020年第一季度广州生物特征识别技术市场分布

专利公开国别/地区	专利数量(件)	占比(%)
中国	729	95.92
世界知识产权组织	18	2.37
美国	7	0.92
欧洲专利局(EPO)	3	0.39
印度	2	0.26
智利	1	0.13

②G06K9、G07C9大组是重要的技术热点

从技术分类来看,G06K9(用于阅读或识别印刷或书写字符或者用于识别图形)、G07C9(独个输入口或输出口登记器)两大技术组别的专利数量占比超过5%,其中,G06K9大组是最重要的技术热点,专利申请量共296件,占比为38.95%,比上一阶段减少了10.56个百分点。G07C9大组的专利数量占比由上一阶段的6.80%提升至这一阶段的10.53%,提高了3.73个百分点,技术创新态势较为活跃。可以看到,G06K9、G07C9大组是重要的技术热点。

③华南理工大学和广东工业大学是重要的推动者

从第一申请机构来看,华南理工大学和广东工业大学专利申请量较为相当,分别有 45 件、42 件,占比接近 6%。此外,广州视源电子科技股份有限公司、中山大学、广州云从信息科技有限公司的申请量也相对靠前,占比在 2%—3%(见表 5 - 14)。总的来说,华南理工大学和广东工业大学是广州生物特征识别技术的重要推动者。

表 5 - 14　　2016—2020 年第一季度广州生物特征识别专利申请量前五的第一申请机构

排名	第一申请机构	专利数量（件）	占比（%）
1	华南理工大学	45	5.92
2	广东工业大学	42	5.53
3	广州视源电子科技股份有限公司	22	2.89
4	中山大学	16	2.11
4	广州云从信息科技有限公司	16	2.11
5	广东电网有限责任公司	13	1.71

(4) 自然语言处理

①专利数量占比有所下滑,境外申请占比有所提升

从数量上来看,自然语言处理领域专利申请量共有 482 件,占广州人工智能专利申请总量的比重为 7.35%,低于上阶段 4.45 个百分点。从技术市场来看,其中的 466 件专利在国内申请,占比为 96.68%,境外申请的专利数量占比为 3.32%,比上一阶段提升了 2.51 个百分点,主要是通过世界知识产权组织申请了 14 件专利,在美国申请了 2 件专利。总体来看,这一阶段,广州自然语言处理技术专利数量占比有所下滑,境外申请占比有所提升。

②G10L15、G06F17、G06F16 大组是主要的技术热点

从技术分类来看，申请量排名靠前的依次是 G10L15（语音识别）、G06F17（特别适用于特定功能的数字计算设备或数据处理设备或数据处理方法）、G06F16（信息检索；数据库结构；文件系统结构）大组，专利数量占比分别为 25.31%、12.66%、7.88%。其中，G10L15、G06F17 大组申请量比上一阶段提升了 1.92 个百分点、8.63 个百分点，而 G06F16 大组则是新出现的技术组别。与此同时，上一阶段创新态势较活跃的 G10L19（用于冗余度下降情形的语音或音频信号分析—合成技术等）组别在这一阶段则表现平平，占比由 19.25% 下降至 0.41%。

③华南理工大学位列第一，机构集中度有所降低

从第一申请机构来看，华南理工大学以 42 件专利数量排在第一位，占比为 8.71%，低于上一阶段 13.87 个百分点。跟随其后的依次是广州视源电子科技股份有限公司、广东工业大学、中山大学，专利数量均在 20—30 件，其中，中山大学专利数量占比比上一阶段减少了 13.59 个百分点（见表 5-15）。可以看到，这一阶段，华南理工大学和中山大学专利数量所占比重下降幅度较大，机构集中度有所降低。

表 5-15　2016—2020 年第一季度广州自然语言处理专利申请量前五的第一申请机构

排名	第一申请机构	专利数量（件）	占比（%）
1	华南理工大学	42	8.71
2	广州视源电子科技股份有限公司	28	5.81
3	广东工业大学	27	5.60
4	中山大学	20	4.15
5	广州多益网络股份有限公司	10	2.07

（5）智能驾驶

①专利申请量有所增长

从专利数量来看，智能驾驶领域专利申请数量共237件，占广州人工智能专利总量的3.61%，与上一阶段相比，数量增长了近11倍，占比提升了1.71个百分点。从技术市场来看，在国内申请的专利数量共有218件，占比为91.98%，在境外申请的专利数量占比为8.02%（见表5-16）。总的来看，智能驾驶技术在这一阶段有了进一步的发展，但仍然不是广州人工智能技术进步的主要方向。

表5-16　2016—2020年第一季度广州智能驾驶技术市场分布

专利公开国别/地区	专利数量（件）	占比（%）
中国	218	91.98
世界知识产权组织	14	5.91
欧洲专利局（EPO）	2	0.84
美国	2	0.84
日本	1	0.42

②G05D1大组是重要的技术进步方向

从技术分类来看，G05D1（陆地、水上、空中或太空中的运载工具的位置、航道、高度或姿态的控制）大组的专利数量最多，共有55件，占智能驾驶领域专利的比重为23.21%。与此同时，专利数量较多的还有G06K9（用于阅读或识别印刷或书写字符或者用于识别图形）、G01C21（导航）、B60W30（不与某一特定子系统的控相关联的道路车辆驾驶控制系统的使用）、G08G1（道路车辆的交通控制系统）四个大组，占比均超过5%，分别为8.86%、5.91%、5.49%、5.49%。总的来看，这一阶段，位置、航道、高度或姿态的控制领域是广州智能驾驶技术的重要进步方向。

③广州小鹏汽车科技有限公司表现较突出

从第一申请机构来看，广州小鹏汽车科技有限公司在智能驾驶技术领域的专利数量共有35件，排在第一位，占比为14.77%。广州汽车集团股份有限公司紧随其后，共有24件，占比均为10.13%。此外，华南理工大学、广东工业大学、中山大学、广州极飞科技有限公司的申请量也进入前五范围（见表5-17）。总的来看，这一阶段，广州小鹏汽车科技有限公司表现较突出。

表5-17　　2016—2020年第一季度广州智能驾驶专利申请量前五的第一申请机构

排名	第一申请机构	专利数量（件）	占比（%）
1	广州小鹏汽车科技有限公司	35	14.77
2	广州汽车集团股份有限公司	24	10.13
3	华南理工大学	23	9.70
3	广东工业大学	23	9.70
4	中山大学	15	6.33
5	广州极飞科技有限公司	10	4.22

（四）小结

1. 总体情况

（1）专利数量大幅增长

自2006年起，人工智能进入第三次发展浪潮，以深度学习为代表的机器学习领域成为人工智能技术发展的焦点。也是从这一年开始，广州人工智能技术发展步入"正轨"。与2005年之前相比,2006—2015年,广州人工智能专利数量增长了近32倍。2016年,人工智能技术进入新的发展阶段,各个国家也相继进行了重点布局。可以看到,2016—2020年第一季度,广州人工智能专利数量呈现爆发式增长。整体来看,广州人工智能技术发展趋势与全球基本趋同。

(2) 境外技术市场逐步扩展

从技术市场来看,与上一阶段相比,2006—2015年,广州人工智能技术境外申请专利数量实现了"零"的突破,占比为2.09%,2016—2020年第一季度则提高至3.29%。从区域分布来看,也从最初的中国逐步扩展至美国、欧洲、印度等国家和地区。可以看到,广州人工智能境外申请专利比重不断提高,技术市场也在逐步扩展,呈现出较好的发展态势。

(3) 生物特征识别、机器学习、智能驾驶发展态势较好

从重点技术分支的变化来看,生物特征识别、机器学习、智能驾驶三大重点技术分支的专利数量占比逐步提高,均是广州人工智能重要的技术发展方向。尤其是机器学习,最近这一阶段的专利数量占比比上一阶段提升了8.17个百分点,表现抢眼,这也与当前全球人工智能以机器学习为核心的发展特征一致。与此相反的是,自然语言处理领域的专利数量占比呈现逐步减少的态势,计算机视觉领域的数量占比在2016—2020年第一季度下降明显(见图5-5)。

(4) 计算机、通信和其他电子设备制造业是最主要的行业热点

从国民经济行业变化来看,计算机、通信和其他电子设备制造业集中的专利数量在各个阶段均超过三成,2016—2020年第一季度更是达到51.72%,一直以来都是广州人工智能最主要的行业热点。

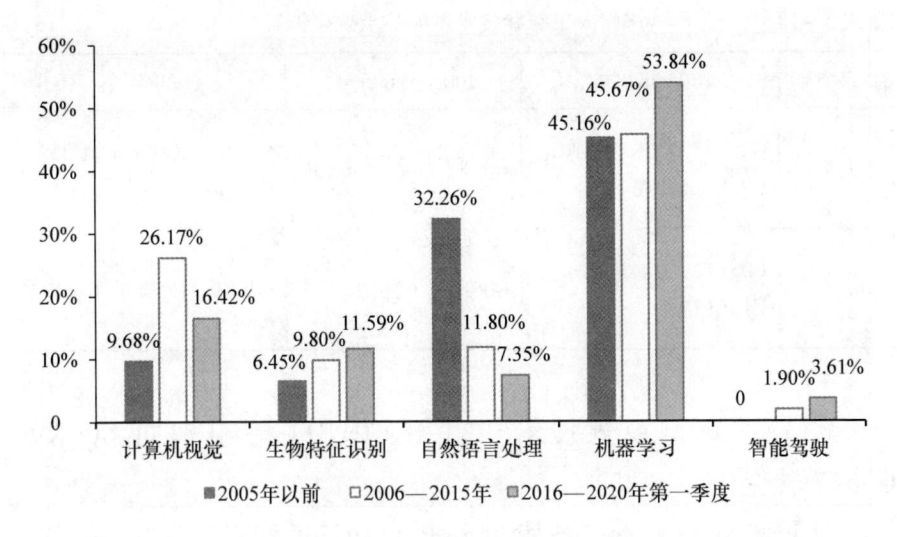

图 5-5　2016—2020 年第一季度广州人工智能重点技术分支专利占比变化情况

（柱状图数据：计算机视觉 9.68%、26.17%、16.42%；生物特征识别 6.45%、9.80%、11.59%；自然语言处理 32.26%、11.80%、7.35%；机器学习 45.16%、45.67%、53.84%；智能驾驶 0、1.90%、3.61%。图例：■2005 年以前　□2006—2015 年　■2016—2020 年第一季度）

2. 技术热点

（1）最热门的技术方向由 G06F、G06F19 向 G06K、G06K9 转变

从技术大类来看，广州人工智能技术发明热点由 2015 年以前的 G06F（电数字数据处理）、G06K（数据识别等）、G10L（语音分析或合成；语音识别等）向 2016—2020 年第一季度的 G06K、G06F、G06T（一般的图像数据处理或产生）、G06Q（专门适用于行政、商业、金融、管理、监督或预测目的的数据处理系统或方法）转变。其中，最主要的技术热点由 G06F 向 G06K 转变，且 G06K 大类技术活跃程度稳步增强。从技术小类来看，技术最大热点则由 G06F19（专门适用于特定应用的数字计算或数据处理的设备或方法）向 G06K9（用于阅读或识别印刷或书写字符或者用于识别图形）转变，且 G06K9 小类的技术创新态势表现愈加凸显（见表 5-18）。可以看到，G06K 大类和 G06K9 小类逐步成为广州人工智能最热的技术方向。

表 5-18　　广州人工智能技术发明热点变化情况

技术类别	2005 年以前	2006—2015 年	2016—2020 年第一季度
大类	G06F、G06K、G10L、G05B、H04M	G06F、G06K、G10L	G06K、G06F、G06T、G06Q
小类	G06F19、G06F3、G10L13	G06K9、G06F3	G06K9、G06T7、G06F17

（2）计算机视觉技术热点由 G01B11 等组别向 G06K9、G06T7 转变

从技术分类来看，技术创新热点由 2005 年之前的 G01B11（以采用光学方法为特征的计量设备）、G06K5（检验在记录载体上标记正确性的方法或装置等）、G06K7（读出记录载体的方法或装置）逐步向 G06K9（用于阅读或识别印刷或书写字符或者用于识别图形）、G06F3（用于将所要处理的数据转变成为计算机能够处理的形式的输入装置等）、G06T7（图像分析）转变，2016—2020 年第一季度则直接聚焦于 G06K9、G06T7 两大组，而这两大技术组别集中的专利数量所占的比重也稳步提升，技术创新态势表现较好。

（3）G06K9、G07C9 两大组是生物特征识别的主要技术热点

从技术热点变化来看，2005 年以前，广州生物特征识别领域的专利在 G06F19（专门适用于特定应用的数字计算或数据处理的设备或方法）、G06K9（用于阅读或识别印刷或书写字符或者用于识别图形）两大组别各有 1 件，2005 年之后，技术创新热点主要聚焦在 G06K9、G07C9（独个输入口或输出口登记器）两大技术组别，其中，G06K9 组别集中的专利数量比重在 2016—2020 年第一季度有所下降，而 G07C9 组别则有所提高，技术创新活跃程度得到加强。

（4）G10L15一直是自然语言处理最主要的技术发展方向

从技术分类来看，2006年以来，自然语言处理技术热点由G10L15（语音识别）、G10L19（用于冗余度下降情形的语音或音频信号分析—合成技术等）两大组别向G10L15、G06F17（特别适用于特定功能的数字计算设备或数据处理设备或数据处理方法）、G06F16三大组别转变。其中，G10L15技术组别一直是最主要的技术热点，G06F17技术组别的专利数量占比也有较大提高，创新态势活跃。与此相反的是，G10L19技术组别在最近的阶段中创新态势相对弱化。

（5）G06K9超过G06F3成为机器学习最热门的技术趋势

2015年以前，机器学习领域最主要的技术热点是G06F3（用于将所要处理的数据转变成为计算机能够处理的形式的输入装置等），2016—2020年第一季度，G06K9（用于阅读或识别印刷或书写字符或者用于识别图形）超过G06F3成为最大的技术热点。与此同时，G06T7（图像分析）、G06F17（特别适用于特定功能的数字计算设备或数据处理设备或数据处理方法）技术组别在最近阶段中的创新活跃程度也有所提高。

（6）智能驾驶技术热点向G05D1领域集中

从技术分类来看，2015年以前，广州智能驾驶技术处于发展起步阶段，申请的专利在技术分类上较为分散。在此之后，则集聚在G05D1（陆地、水上、空中或太空中的运载工具的位置、航道、高度或姿态的控制）组别，是最主要的技术热点。此外，G06K9（用于阅读或识别印刷或书写字符或者用于识别图形）、G01C21（导航）、B60W30（不与某一特定子系统的控制相关联的道路车辆驾驶控制系统的使用）、G08G1（道路车辆的交通控制系统）也是重要的技术进步方向。

3. 技术主体

（1）高校是技术发展的重要力量

从机构类型来看，在发展的各个阶段，无论是总体还是各个重点技术分支，表现较突出的多为高校，这一发展特征在2016—2020年第一季度表现得更加明显。可以说，高校在广州人工智能技术演进中占据了重要地位。

（2）华南理工大学占据"龙头"地位

从第一申请机构来看，计算机视觉领域中，华南理工大学的专利申请量在各个阶段中均靠前；生物特征识别领域中，华南理工大学在2016—2020年第一季度超过中山大学，成为该领域技术创新最活跃的机构；自然语言处理和机器学习领域中，华南理工大学一直是广州专利申请量最多的机构。总的来看，华南理工大学是广州人工智能技术发展的重要推动者，占据着"龙头"地位。

（3）广东工业大学排名不断提升

2005年以前，广东工业大学尚未申请人工智能专利，但在此之后的两个阶段中，专利数量增长较快，排名稳步提升。进一步从重点技术分支来看，自然语言处理领域中，广东工业大学的专利申请量由2006—2015年的第五位提升至2016—2020年第一季度的第三位；生物特征识别领域中，其专利申请量在2016—2020年第一季度超过了中山大学，排在第二位；机器学习领域中，在最近的阶段中也超过了中山大学，排在第二位，占广州机器学习领域专利总量的比重也有较大幅度的提升。总体而言，广东工业大学进步明显，已成为推动技术发展的重要力量。

（4）广州视源电子科技股份有限公司表现亮眼

从第一申请机构来看，2015年之前，广州视源电子科技股份有限公司未进入广州申请量前十行列，2016—2020年第一季度，则跃居第五位，并在计算机视觉、生物特征识别、自然语言处理、机器学习四大重点技术分支领域表现亮眼，均进入前五名。可以说，广州视源电子科技股份有限公司进步较快，是广州人工智能表现相对突出的企业。

（5）智能驾驶领域的引领机构由高校向企业转变

从第一申请机构来看，2006—2015年，智能驾驶领域专利申请量靠前的机构以华南理工大学、华南农业大学、广东工业大学等高校为主，而2016—2020年第一季度，广州小鹏汽车科技有限公司、广州汽车集团股份有限公司等企业积极开展技术布局，其中，广州小鹏汽车科技有限公司更是在这一阶段排在智能驾驶领域专利数量的首位。

二　发展现状

为深入了解广州人工智能技术的发展现状，本节以2016—2020年第一季度为时间段①，通过分析广州在全国或全球的地位，并与北京、上海、深圳等城市进行对比，从而发现广州人工智能技术发展的优势及不足。

（一）总体情况

1. 专利数量不及北京、上海、深圳，G07F小类及B25J9组别在全球具有相对优势

整体来看，该阶段广州人工智能专利申请量共6558件，占全国②的比重为4.81%，分别低于北京（25055件）13.56个百分点、深圳（17369件）7.92个百分点、上海（9346件）2.04个百分点。从技术小类来看，G06K、G06T、G06Q、B25J、G05D、A61B、G07C、G16H、G09B、G07F十大类别的专利申请量占国内的比重都超过了5%，其中，G07F（投币式设备或类似设备）技术类别的专利数量在全球的比重为6.15%，具有

---

① 本节的专利指的是已公开的全球发明专利，本节的专利数据来源于incoPat数据库，检索时间为2020年5—7月。

② 本节中的"中国""全国""国内"指的是中国大陆申请人所申请的专利数量之和。

一定优势。进一步从技术大组来看，G06K9、G06T7、G06Q10、G06F16、G05D1、B25J9、A61B5、G06Q30、G07C9、G06T5、H04L12、G01N21 十二个组别的专利申请量占国内的比重均在 5% 以上，其中，B25J9（程序控制机械手）占全球总量的 7.81%，是具有优势的技术组别（见表 5-19）。总的来看，广州人工智能专利数量不及北京、上海、深圳，但某些技术类别具有相对优势，其中 G07F 小类和 B25J9 组别最为突出。

表 5-19　2016—2020 年第一季度广州人工智能主要技术分类专利数量及占全国的比重

序号	技术小类			技术大组		
	小类	数量（件）	占比（%）	大组	数量（件）	占比（%）
1	G06K	1434	5.53	G06K9	1400	5.51
2	G06F	1072	4.68	G06T7	386	5.61
3	G06T	615	5.62	G06F17	362	4.84
4	G06Q	458	5.98	G06Q10	270	6.33
5	G10L	265	4.68	G06F3	236	4.41
6	G06N	193	4.14	G06F16	236	5.70
7	B25J	163	5.51	G10L15	160	4.28
8	H04L	151	4.80	G06N3	159	4.05
9	H04N	145	3.96	G05D1	119	5.29
10	G05D	132	5.21	B25J9	97	7.81
11	A61B	132	6.51	A61B5	96	6.69
12	G05B	130	3.80	G06Q30	95	6.43
13	G07C	127	5.50	H04L29	86	4.70
14	G16H	113	7.80	G07C9	86	5.25
15	G01N	85	4.77	G06F21	75	3.61
16	G09B	76	5.06	G06T5	73	6.06
17	G08G	75	4.75	G08G1	72	4.72
18	G01R	55	4.37	G05B19	59	3.51

续表

序号	技术小类			技术大组		
	小类	数量（件）	占比（%）	大组	数量（件）	占比（%）
19	G01C	49	4.05	H04L12	53	5.80
20	G07F	47	6.15	G01N21	53	5.84

2. 机器学习是最主要的技术热点，与当前技术发展态势趋同

从五大重点技术分支来看，广州机器学习专利数量占其人工智能专利申请总量的比重超过五成（见图5-6），是最主要的技术热点，这与全球、全国以及北京、上海、深圳等城市的表现一致。除此之外，排在广州第二位的是计算机视觉，其专利申请量占比在15%左右，与全球、全国以及北京、上海等城市表现相当。总的来看，机器学习是广州人工智能最主要的技术热点，与当前技术发展态势表现趋同。

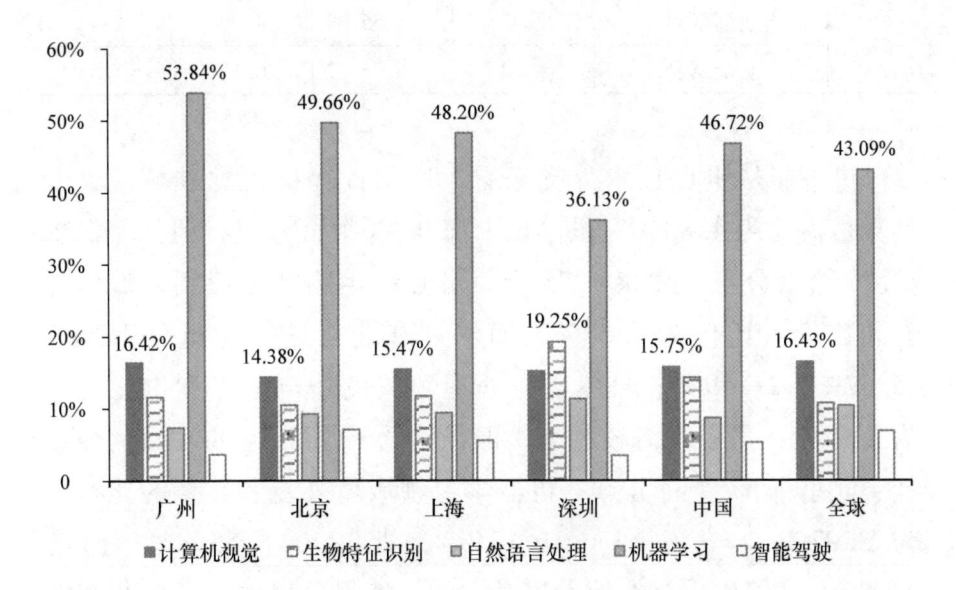

图5-6 2016—2020年第一季度广州与全球、中国以及北京、上海、深圳等区域及城市重点技术分支的专利数量占比

3. 境外技术市场布局不足，智能驾驶表现相对较好

从境外市场来看，广州共向 7 个国家（地区）提交了专利申请，少于上海（12 个）、深圳（11 个）、北京（10 个）。具体来看，广州境外申请专利数量占比为 3.29%（见表 5-20），分别低于深圳 15.84 个百分点、北京 7.54 个百分点、上海 2.32 个百分点。值得注意的是，广州境外申请专利比重低于全国 5.36 个百分点，境外技术布局十分缺乏，应引起足够重视。

表 5-20　2016—2020 年第一季度广州、北京、上海、深圳人工智能及各重点技术分支境外专利数量占比　（单位：%）

领域		广州	北京	上海	深圳
人工智能		3.29	10.83	5.61	19.13
重点技术分支	计算机视觉	4.83	9.58	4.50	18.54
	生物特征识别	4.08	21.49	9.59	25.67
	自然语言处理	3.32	10.89	4.00	20.18
	机器学习	2.07	8.55	4.79	16.13
	智能驾驶	8.02	8.75	6.15	25.58

进一步从重点技术分支来看，广州计算机视觉领域境外专利数量占比为 4.83%，虽高出上海 0.33 个百分点，但低于深圳 13.71 个百分点、北京 4.75 个百分点；生物特征识别领域境外专利数量占比仅为 4.08%，而深圳和北京这一比重分别高达 25.67%、21.49%；自然语言处理领域境外申请专利占比也仅为 3.32%，虽与上海较相当，但仍然低于深圳 16.86 个百分点、低于北京 7.57 个百分点；机器学习领域境外专利数量的比重仅为 2.07%，与深圳（16.13%）、北京（8.55%）、上海（4.79%）相比，存在较大提升空间。值得一提的是，广州智能驾驶领域境外专利数量占比（8.02%）虽然与深圳（25.58%）相差较大，但高出上海 1.87 个百分点，与北京（8.75%）较为

相当，可以说是几大重点技术分支中，境外技术市场占比较大的领域。总的来看，广州人工智能境外技术市场布局不足，还存在较大的拓展空间。

4. 计算机、通信和其他电子设备制造业，专用设备制造业在全国具有比较优势

从国民经济行业分类来看，广州计算机、通信和其他电子设备制造业，仪器仪表制造业，电信、广播电视和卫星传输服务，文教、工美、体育和娱乐用品制造业四大行业集中的人工智能领域专利数量排名靠前，行业热点与国内较为趋同。其中，计算机、通信和其他电子设备制造业和专用设备制造业的专利数量占国内的比重均在5%以上（见表5-21），在全国具有比较优势。

表5-21　2016—2020年第一季度广州国民经济行业人工智能专利数量占全国的比重

排名	国民经济行业	数量（件）	占比（%）
1	计算机、通信和其他电子设备制造业	3392	5.25
2	仪器仪表制造业	697	4.26
3	文教、工美、体育和娱乐用品制造业	347	4.71
4	电信、广播电视和卫星传输服务	332	4.04
5	电气机械和器材制造业	218	4.06
6	专用设备制造业	210	5.09
7	通用设备制造业	209	4.44
8	汽车制造业	111	3.74
9	金属制品业	52	3.70
10	铁路、船舶、航空航天和其他运输设备制造业	32	2.54

（二）重点技术分支

1. 机器学习发明专利不及北京三成，B25J9 技术组别在全球表现出色

广州机器学习领域的专利数量共 3531 件，占全国的比重为 5.54%，分别低于北京（12443 件）13.98 个百分点、深圳（6275 件）4.31 个百分点、上海（4505 件）1.53 个百分点。从技术组别来看，B25J9（13.25%）、G06T5（7.72%）、A61B5（7.07%）、G06F16（6.70%）、G06K9（6.59%）、G06T7（6.57%）、G06Q10（6.13%）、H04L29（5.34%）、G06F17（5.32%）9 个组别的专利数量占国内的比重均超过 5%。其中，B25J9（程序控制机械手）不仅分别高出上海 6.26 个百分点、深圳 4.58 个百分点，在全球的占比也高达 8.12%，是一大亮点。总的来看，广州机器学习技术虽然在全国占据一席之地，但与北京、上海、深圳相比仍有差距。不过也可以看到，广州机器学习领域中 B25J9 技术组别具备较大优势。

2. 计算机视觉发明专利仅为北京的三分之一，三大技术组别在全球具有一定优势

广州计算机视觉领域共有专利数量 1077 件，占全国的比重为 5.01%，分别低于北京（3602 件）11.76 个百分点、深圳（2638 件）7.27 个百分点、上海（1446 件）1.72 个百分点。从技术组别来看，G01B11（以采用光学计量方法为特征的计量设备）的专利数量占全国的比重达到 8.61%，分别高出上海 0.48 个百分点、深圳 3.83 个百分点；G06F16（信息检索；数据库结构；文件系统结构）、G06Q10（行政；管理）在国内的比重分别为 7.60%、9.13%，分别比上海高 1.6 个百分点、0.48 个百分点。进一步从在全球的占比来看，上述三大技术组别的专利数量占全球的比重也都超过了 5%，分别为 6.08%、5.72%、5.60%。总的来看，虽然广州计算机视觉在专利总量上逊于北

京、上海、深圳，但G01B11、G06F16、G06Q10三大技术组别在全国甚至在全球范围内都具有一定的优势。

3. 生物特征识别发明专利不及深圳的四分之一，六大技术组别在全球具有比较优势

广州生物特征识别领域的专利数量共760件，占全国的比重仅为3.9%，数量上不足深圳（3343件）的四分之一、北京（2620件）的三分之一，约为上海（1095件）的七成。从技术组别来看，G06Q50（特别适用于特定商业领域的系统或方法）专利数量占全国的比重高达9.64%，分别高出北京6.63个百分点、上海4.82个百分点。进一步从在全球的占比来看，G10L17（讲话者辨认或验证）、G06Q10（行政；管理）、G06Q50、G06Q30（商业）、G07C1（登记、指示或记录事件的时间或经过的时间）、G07C9（独个输入口或输出口登记器）六大技术组别占全球的比重均超过5%，分别达到6.67%、6.54%、6.20%、5.93%、5.72%、5.35%。由此可见，在生物特征识别技术发明专利总量上，广州比不过北京、上海、深圳，但G10L17、G06Q10、G06Q50等六大技术组别在全球都具有比较优势。

4. 自然语言处理发明专利仅为北京两成，G05B15技术组别在全球表现突出

广州自然语言处理领域专利数量共482件，占全国的比重为4.10%，数量上不及深圳（1967件）的四分之一，约为北京（2314件）的两成、上海（875件）的五成。从技术组别来看，G05B15（8.73%）、G06Q30（8.33%）、G06Q10（6.72%）、G10L17（5.58%）、G06F16（5.47%）、G06K9（5.42%）、G10L21（5.13%）七大技术组别专利申请量占国内的比重均在5%以上。其中，G05B15（计算机控制系统）在国内的占比不仅分别高于北京4.76个百分点、上海0.79个百分点，更是占到全球的7.97%。总的来看，广州自然语言处理技术发明能力

不及北京、上海、深圳,但在计算机控制系统研究方面具有一定的比较优势。

5. 智能驾驶发明专利不及北京的七分之一,B60T7、B62D5技术组别在全球表现亮眼

广州智能驾驶领域专利申请量共237件,占全国的比重仅为3.31%,数量上不足北京(1771件)的七分之一,分别约为深圳(602件)的40%、上海(520件)的46%。从技术组别来看,B62D15(14.81%)、B60T7(11.11%)、B62D5(6.33%)、G06T7(6.00%)、G06K9(5.28%)、G01C21(5.22%)六大技术组别的专利数量在全国的比重都在5%以上,其中,B60T7(制动作用启动装置)不仅均高于上海、深圳7.41个百分点,在全球的占比也达到7.32%;B62D5(助力的或动力驱动的转向机构)在全球的比重也在5%以上,为5.10%。由此可见,广州智能驾驶领域的技术发明态势不及北京、上海、深圳,但B60T7、B62D5技术组别在全球具有相对优势,表现亮眼。

(三)技术主体

1. 具有技术优势的机构缺乏,显示度不及北京和深圳

从各大城市专利申请量前十的第一申请机构来看,广州仅有华南理工大学排在全国第十位,而深圳的平安科技(深圳)有限公司、腾讯科技(深圳)有限公司、华为技术有限公司分别位列全国第一、第三、第六位,北京的百度在线网络技术(北京)有限公司、京东方科技集团股份有限公司排在全国第四、第五位。其中,平安科技(深圳)有限公司、腾讯科技(深圳)有限公司、百度在线网络技术(北京)有限公司更是进入全球前十行列(见表5-22)。进一步从重点技术分支来看,计算机视觉和机器学习领域,广州仅有华南理工大学进入全国前十,而生物特征识别、自然语言处理、智能驾驶三大领

域均无一家机构进入。总的来看,在优势机构的数量方面,广州虽然比上海略胜一筹,但相对于北京、深圳来说,具有突出优势的机构仍然偏少。

表5-22 2016—2020年第一季度广州、北京、上海、深圳人工智能专利申请量前十的第一申请机构

排名	广州	北京	上海	深圳
1	华南理工大学(937件)	百度在线网络技术(北京)有限公司(1759件)	上海交通大学(499件)	平安科技(深圳)有限公司(1898件)
2	广东工业大学(669件)	京东方科技集团股份有限公司(1257件)	同济大学(311件)	腾讯科技(深圳)有限公司(1760件)
3	中山大学(509件)	北京百度网讯科技有限公司(929件)	上海大学(221件)	华为技术有限公司(1212件)
4	广东电网有限责任公司(158件)	清华大学(837件)	上海寒武纪信息科技有限公司(205件)	深圳市汇顶科技股份有限公司(538件)
5	广州视源电子科技股份有限公司(152件)	北京航空航天大学(666件)	东华大学(186件)	深圳壹账通智能科技有限公司(448件)
6	广州大学(112件)	北京小米移动软件有限公司(631件)	复旦大学(176件)	中兴通讯股份有限公司(386件)
7	华南农业大学(109件)	北京工业大学(556件)	上海联影医疗科技有限公司(152件)	中国科学院深圳先进技术研究院(365件)

续表

排名	广州	北京	上海	深圳
8	广东技术师范学院（92件）	北京理工大学（494件）	上海理工大学（141件）	深圳大学（315件）
9	华南师范大学（90件）	北京邮电大学（398件）	上海斐讯数据通信技术有限公司（129件）	努比亚技术有限公司（312件）
10	暨南大学（62件）	中国科学院自动化研究所（382件）	上海海事大学（125件）	宇龙计算机通信科技（深圳）有限公司（262件）

2. 企业技术发明能力较弱，成为技术发展的主要短板

从企业的技术能力来看，广州人工智能专利申请量排第一位的企业是广东电网有限责任公司，共有158件，均不及北京、深圳申请量最多的企业的十分之一。进一步从重点技术分支来看，广州计算机视觉领域申请量居首的企业是广州视源电子科技股份有限公司，专利数量仅30件，不但不及排在北京企业第一位的京东方科技集团股份有限公司（163件）的两成，而且也不及排在深圳企业第一位的腾讯科技（深圳）有限公司（326件）的一成。生物特征识别领域中，申请量最多的企业仍然是广州视源电子科技股份有限公司，共有22件，均不及北京企业中申请量第一的京东方科技集团股份有限公司（616件）、深圳企业中申请量第一的深圳市汇顶科技股份有限公司（538件）的5%。而机器学习领域中，广州企业专利申请量最多的是广州电网有限责任公司，共有99件，仅分别相当于深圳［平安科技（深圳）有限公司，903件］、北京［百度在线网络技术（北京）有限公司，601件］、上海（上海寒武纪信息科技有限公司，201件）申请量第一的企业的九分之一、六分之一、二分之一。可以看到，广州人工智能企业技术能力不强，领先企业欠缺。企业是技术的重要发明者，也是技术应用的主要实践者，在推

动技术进步中发挥着举足轻重的作用。可以说，企业技术发明能力较弱已成为广州人工智能技术发展的主要短板，培育优势企业是广州面临的重要课题。

3. 高校技术创新能力强，华南理工大学具备较强实力

从机构类型来看，与上海较为相似，广州人工智能专利数量排名前十的第一申请机构中，高校占了绝大多数，共有8家，属于高校引领型。具体来看，华南理工大学在人工智能领域中的专利申请量（937件）位居全国第十，多于北京高校中排名第一位的清华大学（837件），约为排在上海第一位的上海交通大学（499件）的2倍。进一步从重点技术分支来看，计算机视觉领域中，华南理工大学（123件）专利申请量排在全国第十位，多于北京高校中排名第一位的北京工业大学（108件），分别是深圳高校中排名第一位的深圳大学（72件）的1.7倍、上海高校中排名第一位的上海交通大学（59件）的2倍。机器学习领域中，华南理工大学以728件的专利数量位居全国第五，超过排在北京高校第一位的清华大学（636件），是排在上海高校第一位的上海交通大学（395件）的1.8倍，约为排在深圳高校第一位的深圳大学（211件）的3.5倍。总的来说，高校是广州人工智能技术发明的主要引领者，其中，华南理工大学居于全国第一梯队，计算机视觉、机器学习两大技术领域处于全国前列，具备较强的实力。

第六章 广州干细胞技术发展历程与现状

一 发展历程

广州干细胞发明专利申请始于2000年,2000—2020年第一季度,广州共有干细胞发明专利申请1332件。其中,胚胎干细胞68件,造血干细胞76件,神经干细胞106件,间充质干细胞360件,诱导多能干细胞92件。整个发展过程中,2000—2010年处于起步阶段,发展较为缓慢,划分第一个阶段;2011—2015年是"十二五"时期,划分为第二个阶段;2016—2020年是"十三五"时期,划分为第三个阶段。

(一) 2000—2010年

2000—2010年,广州共有干细胞发明专利申请98件。其中,92件为中国专利,6件为PCT专利。从重点领域分布来看,胚胎干细胞21件,造血干细胞10件,神经干细胞19件,间充质干细胞16件,诱导多能干细胞8件。

1. 技术领域

从技术类别来看,该阶段广州干细胞发明专利申请中C12N(干细胞培养与制备)专利58件,占比达到59.18%;A61K(基于干细胞的医用配置品)专利19件,占19.39%;A61L(基于干细胞的医用材料)专利12件,占12.24%(见表6-1)。具体领域来看,C12N5(干细胞的分离、培养、制备以及关于干细胞的分化方法）领域专利数量44件，占44.90%；A61L27（干细胞在组织工程材料中的应用）领域占12.24%；C12N15（干细胞特定基因表达调控及与干细胞有关的基因编辑方法）领域占10.20%。除此之外，A61K35（含有不明结构的原材料或其反应产物的细胞制剂）领域占比也在5%以上（见表6-2）。

表6-1 2000—2010年广州干细胞发明专利申请主要类别

序号	IPC主分类号	与干细胞有关技术内容	专利数量（件）	占比（%）
1	C12N	干细胞培养与制备	58	59.18
2	A61K	基于干细胞的医用配置品	19	19.39
3	A61L	基于干细胞的医用材料	12	12.24
4	A61F	含有干细胞的可植入血管内的滤器、假体、为人体管状结构提供开口或防止其塌陷的装置等	2	2.04
5	C07K	肽在促进干细胞分化方面的应用	2	2.04

表6-2 2000—2010年广州干细胞发明专利申请主要领域（大组）

序号	IPC主分类号	与干细胞有关技术内容	专利数量（件）	占比（%）
1	C12N5	干细胞的分离、培养、制备以及关于干细胞的分化方法	44	44.90
2	A61L27	干细胞在组织工程材料中的应用	12	12.24
3	C12N15	干细胞特定基因表达调控及与干细胞有关的基因编辑方法	10	10.20
4	A61K35	含有不明结构的原材料或其反应产物的细胞制剂	6	6.12
5	A61K36	含有来自藻类、苔藓、真菌或植物或其派生物的细胞制剂	4	4.08

续表

序号	IPC主分类号	与干细胞有关技术内容	专利数量（件）	占比（%）
6	C12N11	与载体结合的或固相化的酶或微生物细胞的制备	4	4.08
7	A61K45	含有其他有效成分的细胞制剂	3	3.06
8	A61F2	含有干细胞的用于人体各部分的人造代用品或取代物；用于假体与人体相连的器械；对人体管状结构提供开口或防止塌陷的装置	2	2.04
9	A61K38	含肽的细胞制剂	2	2.04
10	A61K48	基因编辑技术在干细胞治疗方面的应用	2	2.04
11	C07K14	干细胞表面抗原的制备及应用或多肽在促进干细胞分化方面的应用	2	2.04

2. 技术主体

从第一申请机构来看，中山大学申请专利19件，位列第一，占19.39%；中国科学院广州生物医药与健康研究院申请专利10件，占10.20%；暨南大学申请专利9件；中山大学附属第一医院和南方医院各申请专利5件（见表6-3）。从境外专利申请机构来看，冠昊生物科技股份有限公司申请PCT专利3件，中国科学院广州生物医药与健康研究院和中山大学中山眼科中心各申请PCT专利1件。

表6-3　2000—2010年广州干细胞发明专利申请数量排名前列的申请机构

序号	第一申请机构	专利数量（件）	占比（%）
1	中山大学	19	19.39

续表

序号	第一申请机构	专利数量（件）	占比（%）
2	中国科学院广州生物医药与健康研究院	10	10.20
3	暨南大学	9	9.18
4	中山大学附属第一医院	5	5.10
5	南方医院	5	5.10
6	广州医学院	4	4.08
7	中山大学中山眼科中心	4	4.08
8	南方医科大学	3	3.06
9	冠昊生物科技股份有限公司	3	3.06

（二）2011—2015 年

2011—2015 年，广州共有干细胞发明专利申请 285 件。其中，中国专利 258 件，欧洲专利 10 件，PCT 专利 8 件，美国专利 7 件，加拿大专利 2 件。重点领域分布来看，胚胎干细胞 14 件，造血干细胞 22 件，神经干细胞 22 件，间充质干细胞 84 件，诱导多能干细胞 31 件。

1. 技术领域

从技术类别来看，该阶段广州干细胞发明专利申请中 C12N（干细胞培养与制备）专利 164 件，占比达到 57.54%；A61K（基于干细胞的医用配置品）专利 62 件，占 21.75%；A61L（基于干细胞的医用材料）专利 23 件，占 8.07%（见表 6-4）。具体领域来看，C12N5（干细胞的分离、培养、制备以及关于干细胞的分化方法）领域专利数量 151 件，占 52.98%；A61L27（干细胞在组织工程材料中的应用）领域占 7.72%；A61K8（干细胞或其外泌体在化妆品领域的应用）和 A61K35（含有不明结构的原材料或其反应产物的细胞制剂）两个领域分别占 5.96% 和 5.26%（见表 6-5）。

表6-4　　2011—2015年广州干细胞发明专利申请主要类别

序号	IPC主分类号	与干细胞有关技术内容	专利数量（件）	占比（%）
1	C12N	干细胞培养与制备	164	57.54
2	A61K	基于干细胞的医用配置品	62	21.75
3	A61L	基于干细胞的医用材料	23	8.07
4	A01N	干细胞的冻存	10	3.51
5	A23L	含干细胞的食品、食料的制备与保存	4	1.40
6	C12M	干细胞提取、储存、检测装置	4	1.40
7	C12Q	干细胞检测方法	4	1.40

表6-5　　2011—2015年广州干细胞发明专利申请主要领域（大组）

序号	IPC主分类号	与干细胞有关技术内容	专利数量（件）	占比（%）
1	C12N5	干细胞的分离、培养、制备以及关于干细胞的分化方法	151	52.98
2	A61L27	干细胞在组织工程材料中的应用	22	7.72
3	A61K8	干细胞或其外泌体在化妆品领域的应用	17	5.96
4	A61K35	含有不明结构的原材料或其反应产物的细胞制剂	15	5.26
5	C12N15	干细胞特定基因表达调控及与干细胞有关的基因编辑方法	12	4.21
6	A01N1	干细胞的冻存液及冻存方法	10	3.51
7	A61K38	含肽的细胞制剂	7	2.46
8	A61K39	含有抗原或抗体的细胞制剂	6	2.11
9	A61K31	含有机有效成分的细胞制剂	5	1.75
10	A61K36	含有来自藻类、苔藓、真菌或植物或其派生物的细胞制剂	5	1.75

2. 技术主体

从第一申请机构来看，广州赛莱拉干细胞科技股份有限公司申请专利84件，位列第一，占29.47%；中国科学院广州生物医药与健康研究院申请专利41件，占14.39%；中山大学申请专利15件；暨南大学申请专利11件（见表6-6）。从境外专利申请机构来看，中国科学院广州生物医药与健康研究院申请境外专利19件，冠昊生物科技股份有限公司申请境外专利5件，中山大学中山眼科中心申请境外专利1件。

表6-6　　2011—2015年广州干细胞发明专利申请数量排名前列的申请机构

序号	第一申请机构	专利数量（件）	占比（%）
1	广州赛莱拉干细胞科技股份有限公司	84	29.47
2	中国科学院广州生物医药与健康研究院	41	14.39
3	中山大学	15	5.26
4	暨南大学	11	3.86
5	广州暨南生物医药研究开发基地有限公司	9	3.16
6	广州爱菲科生物科技有限公司	7	2.46
7	华南农业大学	6	2.11
8	冠昊生物科技股份有限公司	5	1.75
9	广州复大医疗股份有限公司复大肿瘤医院	5	1.75
10	广州市天河诺亚生物工程有限公司	5	1.75

（三）2016—2020年第一季度

2016—2020年第一季度，广州共有干细胞发明专利申请949件。其中，中国专利907件，占95.57%，境外专利42件，占4.43%，PCT专利26件，欧洲专利8件，美国专利5件，日本专利2件，加拿大专利1件。从重点领域分布来看，胚胎干细胞33件；造血干细胞44件；神经干细胞65件；间充质干细胞

260 件；诱导多能干细胞 53 件。

1. 技术领域

从技术类别来看，该阶段广州干细胞发明专利申请中 A61K（基于干细胞的医用配置品）专利 417 件，占 43.94%；C12N（干细胞培养与制备）专利 352 件，占比达到 37.09%；A61L（基于干细胞的医用材料）专利 55 件，占 5.80%（见表 6-7）。具体领域来看，C12N5（干细胞的分离、培养、制备以及关于干细胞的分化方法）领域专利数量 328 件，占 34.56%；A61K8（干细胞或其外泌体在化妆品领域的应用）领域占 27.40%；A61K35（含有不明结构的原材料或其反应产物的细胞制剂）和 A61L27（干细胞在组织工程材料中的应用）两个领域分别占 6.22% 和 5.06%（见表 6-8）。

表 6-7　2016—2020 年第一季度广州干细胞发明专利申请主要类别

序号	IPC 主分类号	与干细胞有关技术内容	专利数量（件）	占比（%）
1	A61K	基于干细胞的医用配置品	417	43.94
2	C12N	干细胞培养与制备	352	37.09
3	A61L	基于干细胞的医用材料	55	5.80
4	A01K	通过细胞技术获得新个体的方法	41	4.32
5	C07K	肽在促进干细胞分化方面的应用	15	1.58

表 6-8　2016—2020 年第一季度广州干细胞发明专利申请主要领域（大组）

序号	IPC 主分类号	与干细胞有关技术内容	专利数量（件）	占比（%）
1	C12N5	干细胞的分离、培养、制备以及关于干细胞的分化方法	328	34.56
2	A61K8	干细胞或其外泌体在化妆品领域的应用	260	27.40

续表

序号	IPC 主分类号	与干细胞有关技术内容	专利数量（件）	占比（%）
3	A61K35	含有不明结构的原材料或其反应产物的细胞制剂	59	6.22
4	A61L27	干细胞在组织工程材料中的应用	48	5.06
5	A61K38	含肽的细胞制剂	45	4.74
6	A01N1	干细胞的冻存液及冻存方法	41	4.32
7	C12N15	干细胞特定基因表达调控及与干细胞有关的基因编辑方法	24	2.53
8	A61K36	含有来自藻类、苔藓、真菌或植物或其派生物的细胞制剂	18	1.90
9	A61K31	含有机有效成分的细胞制剂	15	1.58
10	C12M3	干细胞培养装置	10	1.05

2. 技术主体

从第一申请机构来看，广州赛莱拉干细胞科技股份有限公司申请专利375件，位列第一，占39.52%；中山大学申请专利46件，中国科学院广州生物医药与健康研究院申请专利36件，广州润虹医药科技股份有限公司申请专利31件，华南生物医药研究院申请专利29件（见表6-9）。境外专利申请机构来看，中国科学院广州生物医药与健康研究院申请境外专利14件，中山大学申请境外专利7件，北昊干细胞与再生医学研究院有限公司申请境外专利3件。

表6-9　2016—2020年第一季度广州干细胞发明专利申请数量排名前列的申请机构

序号	第一申请机构	专利数量（件）	占比（%）
1	广州赛莱拉干细胞科技股份有限公司	375	39.52

续表

序号	第一申请机构	专利数量（件）	占比（%）
2	中山大学	46	4.85
3	中国科学院广州生物医药与健康研究院	36	3.79
4	广州润虹医药科技股份有限公司	31	3.27
5	华南生物医药研究院	29	3.06
6	暨南大学	24	2.53
7	广东省心血管病研究所	15	1.58
8	广州沙艾生物科技有限公司	13	1.37
9	南方医科大学	13	1.37
10	中山大学中山眼科中心	13	1.37

（四）小结

总的来看，2000—2020年广州干细胞技术发展呈现以下特征。

1. 干细胞在化妆品领域的应用技术快速发展

2000—2010年，广州尚无A61K8（干细胞或其外泌体在化妆品领域的应用）领域的发明专利申请；2011—2015年，广州在该领域有17件发明专利申请，占同期广州干细胞发明专利申请总量的5.96%；2016—2020年第一季度，广州在该领域的发明专利申请数量达到260件，是2011—2015年的十五倍，占同期广州干细胞发明专利申请总量的27.4%，较2011—2015年提升21个百分点。可见，广州在干细胞或其外泌体在化妆品领域的应用方面取得了快速的发展。

2. 间充质干细胞技术发展迅速

2000—2010年，广州间充质干细胞发明专利申请16件，占同期广州干细胞发明专利申请总量的16.33%；2011—2015年，广州间充质干细胞发明专利申请84件，是2000—2010年的五倍以上，占同期广州干细胞发明专利申请总量的29.47%，较2000—2010年提升13个百分点；2016—2020年第一季度，广州间充质干细胞发明专利申请260件，是2011—2015年的三倍，占同期广州干细胞发明专利申请总量的27.40%。总的来看，广州间充质干细胞技术在2011—2015年取得快速发展，占广州干细胞发明专利申请量的比重迅速提升，2016—2020年第一季度增势略为减缓，占广州干细胞发明专利申请量的比重小幅下降。

3. 赛莱拉引领能力不断提升

广州赛莱拉干细胞科技股份有限公司成立于2009年7月，2011—2015年干细胞发明专利申请数量[①]以84件位居广州首位，占同期广州干细胞发明专利申请总量的29.47%。2016—2020年第一季度，广州赛莱拉干细胞科技股份有限公司干细胞发明专利申请数量又以375件位居广州首位，占同期广州干细胞发明专利申请总量的39.52%，较2011—2015年提升10个百分点。可见，广州赛莱拉干细胞科技股份有限公司发展迅速，在广州干细胞领域的引领能力不断提升。

4. 技术国际化布局不断拓展

2000—2010年，广州干细胞发明专利申请中只有6件境外专利，且均为PCT专利。2011—2015年，广州共有27件境外干细胞发明专利申请，除了PCT专利之外，新增了欧洲专利、美国专利、加拿大专利布局。2016—2020年第一季度，广州境外干细胞发明专利申请增长至42件，新增了日本专利布局。广州境外干细胞发明专利不仅在数量上不断增长，还在区域上不断拓展，可见，广州干细胞技术国际化布局不断拓展。

---

① 以第一申请机构统计。

二 发展现状

(一) 总体情况

1. 干细胞技术在全国具有较强优势

2016—2020年第一季度,广州干细胞发明专利申请数量(949件)高于北京(739件),约为上海的两倍、深圳的三倍,占全国的比重达到17.24%,占全球的比重为4.17%。总的来看,广州干细胞技术在全国具有较强优势,在全球具备一定的竞争力。

2. 积极承担国家重点研发计划,但仍落后于北京、上海

国家重点研发计划专项"干细胞及转化研究"是针对干细胞产业核心竞争力、自主创新能力的战略性、基础性、前瞻性重大科学问题、重大共性关键技术的专项研究,能够为干细胞产业发展提供持续性的支撑和引领。2016—2019年,广州共牵头承担17项国家重点研发计划"干细胞及转化研究"专项,占专项总量的14.17%;共获得3.3亿元中央财政经费支持,占专项中央财政经费支持总额的13.87%,主要以干细胞定向分化及细胞转分化、基于干细胞的组织和器官功能修复以及干细胞临床研究为主。同期北京牵头承担国家重点研发计划"干细胞及转化研究"专项38项,获得8.77亿元中央财政经费支持;上海牵头承担26项,获得5.34亿元中央财政经费(见表6-10)。总的来看,广州虽然积极承担"干细胞及转化研究"专项,但与北京差距较大,与上海也存在一定差距。

3. 以中国专利为主,境外布局不足

2016—2020年第一季度,广州境外干细胞发明专利申请42件,不及北京(107件)的二分之一,也略低于上海(46件);广州境外干细胞发明专利申请占比为4.43%,低于北京(14.48%)、上海(9.54%)、深圳(6.52%),也低于全国平均水平（7.18%）。具体来看，胚胎干细胞、造血干细胞、神经干细胞、间充质干细胞、诱导多能干细胞的广州境外发明专利申请占比分别为6.06%、9.09%、7.69%、3.46%、16.98%，而与北京相比，分别低25.37个百分点、9.75个百分点、5.74个百分点、5.66个百分点、14.45个百分点（见表6-11）。总的来看，广州干细胞发明专利申请以中国专利为主，境外布局不足，与北京相比，胚胎干细胞领域专利国际化程度差距最大。

表6-10　2016—2019年各城市牵头承担国家重点研发计划"干细胞及转化研究"专项项目情况

		全国	广州	北京	上海
2016年	数量（项）	25	2	6	7
	经费（亿元）	4.88	0.34	1.27	1.36
2017年	数量（项）	43	7	15	9
	经费（亿元）	9.40	1.47	3.78	2.18
2018年	数量（项）	30	5	11	6
	经费（亿元）	5.85	1.12	2.31	1.24
2019年	数量（项）	22	3	6	4
	经费（亿元）	3.67	0.37	1.41	0.56
合计	数量（项）	120	17	38	26
	经费（亿元）	23.80	3.29	8.77	5.34

表6-11　2016—2020年第一季度主要城市干细胞发明专利申请公开国家及地区　　（单位:%）

	专利公开国家及地区	广州	北京	上海	深圳
干细胞发明专利申请	中国	95.57	85.52	90.46	93.48
	境外	4.43	14.48	9.54	6.52
胚胎干细胞发明专利申请	中国	93.94	68.57	86.49	81.82
	境外	6.06	31.43	13.51	18.18

续表

	专利公开国家及地区	广州	北京	上海	深圳
造血干细胞发明专利申请	中国	90.91	81.16	82.61	84.21
	境外	9.09	18.84	17.39	15.79
神经干细胞发明专利申请	中国	92.31	86.57	91.23	100.00
	境外	7.69	13.43	8.77	0.00
间充质干细胞发明专利申请	中国	96.54	90.88	91.72	94.24
	境外	3.46	9.12	8.28	5.76
诱导多能干细胞发明专利申请	中国	83.02	68.57	83.33	87.50
	境外	16.98	31.43	16.67	12.50

（二）技术领域

1. A61K8、A01N1 两个领域在全球具有显著优势

2016—2020 年第一季度，广州 A61K8（干细胞或其外泌体在化妆品领域的应用）领域发明专利申请 260 件，占据全球该领域专利的 36.57%，占中国[①]的比重达到 51.59%（见表 6-12），申请量远远超过北京（33 件）、深圳（28 件）和上海（20 件）。此外，广州拥有 A01N1（干细胞的冻存液及冻存方法）领域发明专利申请 41 件，占据全球该领域专利的 11.39%，占中国的比重为 16.47%（见表 6-12），申请量远高于北京（24 件）、深圳（14 件）和上海（9 件）。总的来看，广州在干细胞或其外泌体在化妆品领域的应用、干细胞的冻存液及冻存方法方面具备显著的全球优势。

2. 间充质干细胞等领域在全球具有一定优势

2016—2020 年第一季度，广州 A61K36（含有来自藻类、苔藓、真菌或植物或其派生物的细胞制剂）、A61K38（含肽的细胞制剂）、A61L27（干细胞在组织工程材料中的应用）三领域发明专利申请数量占全球的比重分别为 8.49%、7.67% 和

---

① 本章中，中国指中国大陆。

6.21%，占全国的比重分别为 21.69%、29.41% 和 13.15%（见表 6-12），高于北京、上海、深圳等主要城市。此外，广州间充质干细胞发明专利申请 260 件，略低于北京（296 件），但高于上海（145 件）和深圳（139 件），占全球的 5.68%（见表 6-13）。可见，广州 A61K36、A61K38、A61L27 及间充质干细胞技术在全球具有一定优势。

表 6-12　2016—2020 年第一季度广州干细胞发明专利申请主要领域（大组）

序号	IPC 主分类号	与干细胞有关技术内容	专利数量（件）	占中国比重（%）	占全球比重（%）
1	C12N5	干细胞的分离、培养、制备以及关于干细胞的分化方法	328	15.14	3.77
2	A61K8	干细胞或其外泌体在化妆品领域的应用	260	51.59	36.57
3	A61K35	含有不明结构的原材料或其反应产物的细胞制剂	59	14.57	1.93
4	A61L27	干细胞在组织工程材料中的应用	48	13.15	6.21
5	A61K38	含肽的细胞制剂	45	29.41	7.67
6	A01N1	干细胞的冻存液及冻存方法	41	16.47	11.39
7	C12N15	干细胞特定基因表达调控及与干细胞有关的基因编辑方法	24	10.04	2.92
8	A61K36	含有来自藻类、苔藓、真菌或植物或其派生物的细胞制剂	18	21.69	8.49

续表

序号	IPC主分类号	与干细胞有关技术内容	专利数量（件）	占中国比重（%）	占全球比重（%）
9	A61K31	含有机有效成分的细胞制剂	15	8.57	1.27
10	C12M3	干细胞培养装置	10	10.75	4.85

表6-13　2016—2020年第一季度广州干细胞重点领域发明专利申请数量

	广州专利数量（件）	广州占中国比重（%）	广州占全球比重（%）
干细胞	949	17.24	4.17
胚胎干细胞	33	13.15	2.19
造血干细胞	44	12.02	1.98
神经干细胞	65	13.57	2.61
间充质干细胞	260	13.25	5.68
诱导多能干细胞	53	25.85	3.27

3. 诱导多能干细胞领域在全国具备显著优势

2016—2020年第一季度，广州共有诱导多能干细胞发明专利申请53件，高于北京（35件）、上海（12件）和深圳（8件），占全国的比重达到25.85%，占全球的比重为3.27%（见表6-13）。总的来看，广州诱导多能干细胞专利申请高于北京、上海和深圳，在全国具备较强优势。

4. 神经干细胞等领域技术水平在全国具备一定优势

2016—2020年第一季度，广州神经干细胞发明专利申请65件，造血干细胞发明专利申请44件，占全国的比重分别为13.57%和12.02%（见表6-13），略低于北京（67件和69件），高于上海（57件和23件）与深圳（10件和19件），在全国具备一定优势。此外，广州拥有胚胎干细胞发明专利申请33

件，占全国的 13.15%，略低于上海（37 件）和北京（35 件），高于深圳（11 件）。整体而言，广州神经干细胞、造血干细胞、胚胎干细胞专利申请与北京基本属于同一层次。

（三）技术主体

1. 赛莱拉已成为全球领先机构

2016—2020 年第一季度，从广州干细胞发明专利第一申请机构来看，广州赛莱拉干细胞科技股份有限公司（以下简称"赛莱拉"）申请专利 375 件，位列全球第一，占全球的 1.65%，中国的 6.81%，是唯一一个进入全球干细胞发明专利申请数量排名前十位的中国机构；比专利申请数量比全球排名第二位的美国詹森生物科技公司高 79 件，约为上海排名第一位的中国科学院上海生命科学研究院、深圳排名第一位的深圳爱生再生医学科技有限公司的 9 倍、北京排名第一位的北京大学的 15 倍。不仅如此，在 A61K8（干细胞或其外泌体在化妆品领域的应用）领域，赛莱拉专利申请 196 件，居于全球首位，占全球该领域专利总量的 27.57%，占中国该领域专利总量的 38.89%，专利申请量是全球排名第二位的韩国 EXOCOBIO 公司的 11 倍。在间充质干细胞领域，赛莱拉申请专利 109 件，位居全球第一，占全球该领域专利总量的 2.38%，占中国该领域专利总量的 5.55%，专利申请数量约为全球排名第二位的韩国美合康生株式会社的 1.8 倍。总的来看，赛莱拉在干细胞总体以及干细胞或其外泌体在化妆品领域的应用、间充质干细胞领域发明专利申请数量均居于全球首位，且远超竞争对手，已成为全球干细胞技术领先机构。

2. 中山大学神经干细胞处于国内领先地位

2016—2020 年第一季度，中山大学干细胞发明专利申请 46 件，在全国排名第二位，仅次于广州赛莱拉干细胞科技股份有限公司，领先于北京大学（26 件）、上海的中国科学院上海生命科学研究院（42件）和深圳的深圳爱生再生医学科技有限公司（41件）。具体来看，中山大学神经干细胞发明专利申请16件，位居全国第一，高于北京全式金生物技术有限公司（8件）、上海安集协康生物技术股份有限公司（4件）和深圳爱生再生医学科技有限公司（2件）。不仅如此，中山大学牵头承担10项重点研发计划"干细胞及转化研究"专项，表现出很强的竞争力。

3. 润虹医药在诱导多能干细胞居全国领先

2016—2020年第一季度，广州润虹医药科技有限公司在诱导多能干细胞领域申请发明专利13件，位列全国第一，高于北京宏冠再生医学科技有限公司（12件）、中国科学院上海生命科学研究院（2件）和深圳爱生再生医学科技有限公司（2件）。诱导多能干细胞自2006年由日本京都大学山中伸弥教授团队首度制备而成以来，仅经历十余年的发展，是全球重点关注的新兴技术领域。广州润虹医药科技股份有限公司在诱导多能干细胞领域的突出表现，说明广州未来在诱导多能干细胞领域极具潜力。

第七章 广州技术布局与政策

一 科技战略

根据广州科技发展历程可以将广州 1978 年以来的科技发展战略,划分为科技与经济结合、建设国家创新型城市、建设具有国际影响力的科技创新中心三个阶段。

(一)科技与经济结合(1978—2005 年)

在 1978 年召开的全国科技大会上,邓小平同志提出了"科学技术是第一生产力"的重要论断,使全国上下统一了思想,明确了目标。此后一系列科技规划、计划相继实施,科技体制改革大幕开启,科技实力伴随经济发展同步壮大。广州紧跟党中央的部署,制定《1991—2000 年科学技术发展十年规划和"八五"计划纲要》《广州"科技兴市"规划(1990—2005 年)》,重视科技与经济相结合,大力推进科技体制改革,积极推动科技成果转化,技术市场从无到有,企业技术创新体系逐步完善,高新技术产业发展壮大。这一时期,政府以改革促发展,促进科技和经济相结合。

(二)建设国家创新型城市(2006—2015 年)

随着《国家中长期科学和技术发展规划纲要(2006—2020 年)》《关于实施科技规划纲要,增强自主创新能力的决定》

《国家中长期科学和技术发展规划纲要（2006—2020年）》实施细则的颁布，我国进入了建设创新型国家阶段。在此背景下，2006年广州出台《广州市关于提高自主创新能力的若干规定》，明确提出加快推进创新型城市建设。2011年广州出台《广州市建设国家创新型城市总体规划（2011—2015年）》，指出将建设国家创新型城市作为主导广州全局长远发展的优先战略，作为提高城市竞争力的核心基点。并进一步明确了发展目标，即，到2015年，广州要建成充满活力、特色鲜明的华南科技创新中心，成为国家知识创新和技术创新高地、国家发展战略性新兴产业的重要基地、亚洲领先的信息化都市和国际先进的区域创新发展引领示范区，成为创新辐射范围广、创新引领作用强的国家创新型城市。总的来看，这一时期，广州的科技创新定位基于国家范畴，成为国家创新型城市。

（三）建设具有国际影响力的科技创新中心（2016年至今）

2015年12月，中共广州市委十届七次全会通过《中共广州市委关于制定国民经济和社会发展第十三个五年规划的建议》，首次提出建设国际科技创新枢纽。此后，《广州市国民经济和社会发展第十三个五年规划纲要（2016—2020年)》提出要立足广州高新区、中新广州知识城、科学城、琶洲互联网创新集聚区、生物岛、大学城、民营科技园等建设国际科技创新枢纽。之后《广州国家自主创新示范区建设实施方案（2016—2020年）》提出，广州要发挥科技教育人才资源丰富的优势，建成具有国际影响力的国家创新中心城市和国际科技创新枢纽。

根据2019年2月颁布的《粤港澳大湾区发展规划纲要》，粤港澳大湾区的战略定位之一就是建设具有全球影响力的国际科技创新中心。《粤港澳大湾区发展规划纲要》对于广州的定位则是培育提升科技教育文化中心功能，着力建设国际大都市。

2019年9月广州发布《广州市建设科技创新强市三年行动计划（2019—2021年）》，根据该行动计划，到2021年，广州市在国际科技创新枢纽和初步建成国际科技产业创新中心的基础上，初步建成科技创新强市，成为在科技创新领域代表我国参与国际竞争的"重要引擎"；到2025年，广州市要基本建成科技创新强市，基础研究和原始创新能力跻身世界前列，成为我国关键核心技术突破外溢"辐射极"，形成一批具有全球影响力的高端产业集群，成为全球金融资本、高端人才的"汇聚点"；到2035年，全面建成科技创新强市，拥有世界一流的大学、科研机构、创新企业，依靠科技创新实现全面创新，经济高质量发展。

可见，2016年以来，广州科技创新的定位为科技创新枢纽、科技创新强市。科技创新强市看上去平淡无奇，却是"代表我国参与国际竞争的'重要引擎'""成为我国关键核心技术突破外溢'辐射极'""形成一批具有全球影响力的高端产业集群""成为全球金融资本、高端人才的'汇聚点'""拥有世界一流的大学、科研机构、创新企业"，说明城市集聚全球资源，其辐射能力已经超出国家范畴，其实质就是具有国际影响力的科技创新中心。

二 科技计划

1959年以来，广州紧紧围绕经济社会发展情况、所处的发展阶段及国家重大发展战略布局组织实施科技计划。自1986年起，广州科技计划项目以多个专项的形式分类实施。近年来，广州科技计划体系也不断进行调整与优化。现行（2019年）的科技计划体系包含重点研发计划、基础研究计划、企业创新计划、创新环境计划四类科技计划，其中，基础研究计划下设基础研究平台及团队项目、基础与应用基础研究项目、民生科技项目、珠江科技新星项目，企业创新计划下设高新技术企业培育补助、企业研发投入后补助、创新标杆企业补助、科技型中小企业"以赛代评"补助、台资企业创新补助，创新环境计划下设孵化器与众创空间补助、科技金融普惠补贴、科技服务项目（补助）、创新平台普惠补助。此外，广州市还设立红棉计划、创业领军团队、创新领军团队、创新创业服务领军人才、杰出产业人才补贴、外国高端专家引进计划（项目）等人才项目。

（一）技术领域

1. 围绕新一代信息技术、新材料、新能源、生物医药领域进行重大技术布局

近年来，广州科技计划主要围绕新一代信息技术、新材料、新能源、生物医药四大领域进行重大技术布局。在此基础上，广州每年的技术布局有所侧重。具体来看，2009 年，支持光机电一体化技术发展；2010 年，支持在先进装备制造、海洋、核能应用三大领域开展技术研究；2011 年，突出强调信息化与制造业、服务业的融合发展；2013 年，根据重点产业布局需要，设立云计算研发及产业化专项和电子商务专项，在云计算和电子商务领域进行重大技术布局；2014 年，着力推进智慧广州建设，布局智慧城市相关技术；2015 年，围绕广州十大重点产业在电动汽车、轨道交通、海洋工程、重大装备、智能制造等领域进行布局；2017 年，将支撑传统优势产业改造升级的相关先进技术摆在重要位置；2018—2019 年，更加重视人工智能技术布局。

2. 围绕农业、环境保护、生态、城市管理、医疗卫生与健康五大领域进行民生科技布局

近年来，广州主要围绕农业、环境保护、生态、城市管理、医疗卫生与健康五大领域进行民生科技布局。随着城市所处的

发展阶段及需求的变化，2016年之后，广州将生物医药作为民生科技布局的重要方向之一，更加凸显生物医药在民生科技布局中的重要地位。

3. 当前主要聚焦新一代信息技术、人工智能、生物医药、新材料、新能源、海洋经济等领域

2019年，广州出台《广州市重点领域研发计划实施方案》。2020年，开始实施重点领域研发计划，结合广州市关键领域核心技术攻关需求，集中支持人工智能应用场景示范、智能网联汽车、新材料、脑科学与类脑研究重大科技专项以及重点专项研究，各专项对支持方向、研究内容、考核指标都有明晰的界定。目前，广州科技计划体系重大科技攻关聚焦新一代信息技术、人工智能、生物医药、新材料、新能源、海洋经济等重点领域，民生科技攻关聚焦新药创制与医疗器械研究开发、医疗卫生与健康关键技术、农业农村、资源环境及社会服务等领域。整体来看，广州在重大科技攻关方面进一步要聚焦重点，集中资源精准发力。

（二）技术主体

1. 以企业为重点的科技计划模式

2018年，广州市科技创新发展专项预算27.36亿元。其中，企业创新能力建设计划8.58亿元，占比在十项计划之首（31.36%）。2019年，广州市科技创新发展专项预算31.18亿元。其中，企业创新能力建设计划12.67亿元，占比依然居首位（40.64%），且比上年提升。可见，企业创新能力建设计划是广州科技计划体系的重点。该计划主要是对科技创新企业从种子期、成长期、壮大期的全发展生命周期里，对不同发展阶段的创新活动给予支持和补助，提升企业自主创新能力，营造鼓励企业科技创新的良好社会氛围，发挥市场竞争以激励创新的根本作用。整体来看，广州市科技计划体系以企业创新能力

建设为重点，是以企业为主体的模式。

2. 对科技型中小企业的支持方式由项目实施向以赛代评转变

2014—2019年的科技计划均设立科技型中小企业技术创新专项（专题），以基金或资金资助的形式重点支持科技型中小企业技术创新发展。从支持的方式来看，2014—2017年的科技型中小企业创新专项（专题）通过组织项目申报的方式，给予企业经费补助，支持企业开展研发活动。2018—2019年，广州不再对科技型中小企业进行普惠性经费资助，而是采取以赛代评方式，对在中国创新创业大赛（广东·广州赛区）暨羊城"科创杯"创新创业大赛决赛中排名靠前的科技型中小企业给予相应的经费补助。

3. 对企业开展研究开发活动的支持方式由研发平台建设向研发投入转变

2010—2017年的科技计划将企业研发平台建设作为支持企业开展技术创新活动的重要方式。具体来看，主要支持企业组建工程技术研究开发中心，支持企业重点实验室、企业研究院等研究开发机构建设，支持企业共建国际联合实验室、联合研发中心。2016年以来，广州实施企业研发经费投入后补助政策，鼓励企业加大研发经费投入。可以看出，对于企业的支持已逐步由支持企业研发平台建设向支持企业研发投入转变。

4. 支持高新技术企业、科技创新小巨人企业发展

高新技术企业培育的主要对象是科技创新小巨人企业和高新技术企业。支持科技创新小巨人企业方面，2015年，广州对成功认定为科技创新小巨人的企业，按照企业研发经费的65%给予经费补助。2016—2018年，支持科技创新小巨人企业的方式发生变化，主要是对入库企业给予经费补贴，但补贴额度由2016年的60万元减少至2018年的20万元。在支持高新技术企业方面，2017—2018年针对高新技术企业认定受理和认定通过

的企业分别给予20万元、100万元的经费支持,2019年则取消了对于认定受理企业的补贴,仅对认定通过的企业给予资金奖励。整体来看,自2015年起,高新技术企业培育是广州支持企业创新发展的重要抓手,但从经费支持额度来看,2018年以来对该类企业的支持力度呈现减弱趋势。

(三)技术合作

1. 由以平台建设为主转向以研发合作为主

从国际科技合作方式的变化来看,2011年设立了对外科技合作专项,从平台建设和研发合作两方面来支持对外科技合作。2014年则将国际科技合作有关内容并入创新平台专项,重点从平台建设出发开展科技合作。2015—2017年,国际科技合作并入产学研协同创新重大专项,要求开展实质性的合作研发。2018—2019年设立了对外研发专题,以研发合作方式开展国际科技合作。由此可见,对外研发合作已逐步成为国际科技合作的主要方式。值得注意的是,2019年,对外研发专题仅支持与广州市区政府、科技主管部门签订了合作框架协议的机构开展研发合作,与往年相比,发达国家(地区)、发展中国家、港澳台地区已不在支持的合作范围之内,合作范围大大缩小。

2. 通过研发合作及国际高端科技资源引进支持对外科技合作

广州市对外科技合作计划包括对外研发合作专题和国际高端科技资源引进专题,对外研发合作专题主要支持与广州市、区两级政府及科技主管部门签订了合作协议框架的11个国(境)外机构合作开展以应用技术、实用技术、试验推广开发技术等为主要内容的实质性合作研发项目。国际高端科技资源引进专题包括支持引进国(境)外研发机构方向和支持举办国际科技会议两个方向。

三 人工智能政策措施

(一) 布局特征

1. 2011年之前,在电子信息、计算机软件领域进行布局

从广州历年发布的科技计划来看,2005年,计算机视觉及应用是计算机软件与网络技术领域重点发展方向之一。2006年、2007年、2008年、2009年、2010年,连续五年将电子信息作为重点发展技术领域之一,其中就提到要开展智能人机接口、智能化终端、普适计算等智能计算关键技术研究。在2011年的科技攻关专项中,设置了云计算、云存储、云服务关键共性技术研发和产业化专题,提出支持分布式语音识别、语言理解、图像识别、文本分析、语音、视频检索等海量数据分析处理技术的发展。可见,2011年之前,虽然广州在技术布局中尚未完整地提出"人工智能"这一概念,但已在电子信息、计算机软件领域探索布局计算机视觉、智能人机接口、语音识别等与人工智能有关的技术。

2. 2012—2018年,主要支持智能语音、自然语言处理、计算机视觉等技术领域

从科技计划支持方向来看,2012年、2013年重点支持开展实时压缩引擎、并行计算、动漫渲染、高速检索、语言理解、语音识别、图像识别、音视频检索和新一代搜索引擎等智能处理的研发和应用示范。2013年聚焦新一代工业机器人技术、多机器人协调作业技术、服务型机器人技术的研发。2014年推动云计算、自适应协作通信、人工智能、生物识别与认证等技术的基础理论与应用研究。2017年重点支持无人驾驶汽车、工业机器人、服务机器人、无人机、智能搬运设备等领域关键技术研究。2018年在智能语音、图文语义认知、计算机视觉、人机交互、机器学习、自然语言处理、数据融合与识别、装备智能化等技术方向上进行重点支持（见表7-1）。综合来看，2012—2018年，广州在人工智能技术布局上的重点方向主要有智能语音、自然语言处理、计算机视觉、智能机器人、人机交互等领域。

表7-1　　2012—2018年广州涉及人工智能领域的科技计划

年份	专项/计划	专题/领域	方向
2012	云计算技术研发及产业化专项	云计算、云存储、云服务、云安全相关共性关键技术研发和应用示范	基于云计算架构下海量数据分析处理技术，重点支持开展实时压缩引擎、并行计算、动漫渲染、高速检索、语言理解、语音识别、图像识别、音视频检索和新一代搜索引擎等智能处理的研发和应用示范。
2013	云计算技术研发及产业化专项	云计算、云存储、云服务、云安全相关共性关键技术研发和应用示范	基于云计算架构下海量数据分析处理技术，重点支持开展实时压缩引擎、并行计算、动漫渲染、高速检索、语言理解、语音识别、图像识别、音视频检索和新一代搜索引擎等智能处理的研发和应用示范。
	科技攻关专项	先进装备制造：新一代工业及服务机器人关键技术	具有视觉、触觉、力觉的智能化新一代工业机器人技术、多机器人协调作业技术、重载搬运机器人、喷涂机器人、焊接机器人、产品在线检测机器人等；以及从事维护、保养、清洁、保安、救援、监护和医疗康复等的服务型机器人。
2014	科学研究专项	信息与通信新技术研究专题	推动云计算、自适应协作通信、人工智能、生物识别与认证等技术的基础理论与应用研究。

续表

年份	专项/计划	专题/领域	方向
2015	产学研协同创新重大专项	—	围绕人工智能、新材料、智能电网、绿色建筑等广州市重点产业领域,组织实施产业技术研究项目。
2016	—	—	—
2017	产学研协同创新重大专项	新能源汽车产业和高端装备制造业	支持无人驾驶汽车、工业机器人、服务机器人、无人机、智能搬运设备等领域关键技术研究。
2018	产业技术重大攻关计划	现代产业技术专题:人工智能领域	人工智能技术:重点支持先进的智能语音、图文语义认知技术,计算机视觉技术,人机交互技术,机器学习技术,自然语言处理技术。 多元异构数据融合与识别:重点支持超媒体多元异构数据融合技术,建立相应平台,实现复杂应用场合的决策推理;支持高性能海量数据的识别、追踪等技术。 装备智能化技术:重点支持高端智能装备、轨道交通装备、机器人、AGV等装备的高性能控制技术,自主导航技术,环境、对象检测传感技术,高精度先进的人机交互技术,人机协同技术,智能化行为分析技术。 人机协作机器人:基于动力学的智能控制算法研究、新型感知技术的研究、人机交互等技术。 精密减速器:重点支持RV、谐波等新型精密减速器的研发。

3. 2019年以来,加强类脑智能与脑机接口、自然语言处理、智能图像识别等关键技术攻关

从科技计划来看,2019年现代产业技术研发专题设置了专

门的人工智能领域，提出支持自然语言处理、智能图像识别、智能人机交互与协同等人工智能关键技术的研发，支持人工智能在医学影像、病理辅助诊疗、金融科技、信息安全等领域及相关场景的应用，并将智能机器人技术，无人机、无人驾驶汽车与无人船技术统筹纳入人工智能领域中。根据2019年审议通过的《广州市重点领域研发计划实施方案》，广州设置了2020年度"脑科学与类脑研究""人工智能应用场景示范"等重大科技专项，支持类脑智能与脑机接口研究、新一代智慧无人机电力巡检应用示范、智慧轨道交通应用示范等。可以看到，2019年以来，广州更加聚焦人工智能技术创新能力的提升，加强类脑智能与脑机接口、自然语言处理、智能图像识别、智能人机交互与协同、智能机器人、无人驾驶等关键技术攻关。

4. 人工智能战略地位不断提升，更加注重基础研究导向

从政策的发展脉络来看，2016—2017年，广州出台的相关产业发展规划中，陆续提及人工智能技术。如《广州市战略性新兴产业第十三个五年发展规划（2016—2020年）》提出要重点发展高端智能机器人产业，加快人工智能核心技术突破，促进人工智能在智能家居、智能终端、智能汽车、机器人等领域的推广应用。《广州市先进制造业发展及布局第十三个五年规划（2016—2020年）》在推动节能与新能源汽车、新一代信息技术、智能装备及机器人、航空与卫星应用发展方面，均涉及人工智能技术布局。《广州市信息化发展第十三个五年规划（2016—2020年）》在信息化发展领域也提到了要加快人工智能关键技术的研发和产业化。2018年以来，广州将人工智能摆在了发展的突出位置。《广州市加快IAB产业发展五年行动计划（2018—2022年）》提出了"到2022年，成为影响全球、引领全国的IAB产业集聚区，建成国际一流的人工智能应用示范区"的目标，并从完善创新生态体系、企业培育、产业集聚、应用示范四个方面提出了13项主要任务，制定了详细的支持措施。

《广州市建设"中国制造2025"试点示范城市实施方案》将人工智能作为重点发展领域，提出要建立健全人工智能领域产业链，培育以大数据和云计算为支撑、具有广州优势的人工智能产业集群和产业生态。《广州市重点领域研发计划实施方案》提出要聚焦新一代信息技术、人工智能、生物医药、新材料、新能源、海洋经济等重点领域，组织实施若干重大科技专项，加强重点产业领域的关键核心技术攻关。2020年，《广州市关于推进新一代人工智能产业发展的行动计划（2020—2022年）》出台，聚焦人工智能产业发展，提出了"到2022年，全市人工智能产业规模超过1200亿元，打造8个产业集群，建设10个人工智能产业园，培育10家以上行业领军企业，推动形成50个智能经济和智能社会应用场景，推进实施100个应用示范项目"的发展目标，并围绕基础创新、产业培育、企业引培、产业生态、应用场景提出了五大行动计划。整体来看，2018年之前，广州更多地将人工智能作为一项赋能技术，以推动人工智能与新一代信息技术产业、先进制造业的深度融合为重点，促进人工智能关键核心技术研发及应用，实现产业高质量发展。2018年以后，广州将人工智能作为产业战略进行重点布局，摆在了更高的发展地位，系统规划了人工智能产业的发展路径，以促进人工智能产业的发展与壮大，使其成为产业转型升级和经济高质量发展的重要驱动力量。

（二）存在问题

总的来看，广州在人工智能布局中还存在以下不足。

1. 顶层设计力度不够，缺乏系统性的统筹规划

从广州历年发布的科技计划来看，虽然较早地探索布局与人工智能相关的技术，但都零散地分布在电子信息、计算机软件、新一代信息技术等领域，直到《广州市加快IAB产业发展五年行动计划（2018—2022年）》《广州市关于推进新一代人工

智能产业发展的行动计划（2020—2022年)》的出台，才以行动计划的方式对人工智能产业的发展进行相对全面的规划，当然这与人工智能本身具有多学科交叉的特征以及技术发展趋势有关。可总的来看，广州尚未围绕基础创新、技术研发、产业培育等整个创新链的各个环节对人工智能进行系统的统筹规划，当前的政策布局多是以行动计划这类更具体的形式呈现，且更聚焦于产业发展。

2. 对基础理论研究的引导有所欠缺

从历年的科技计划来看，广州主要在产业技术攻关专项中对人工智能相关技术研发进行支持，缺乏对基础理论研究的引导布局。虽然当前的科技计划体系包含了基础研究与应用基础研究项目，但广州在组织项目申报时并没有指定相应的主攻方向，这虽然能够给予较大的选题空间，但引导开展基础理论研究的导向性不强，研究方向不够清晰，难以形成系统稳定的支持方向。从其他主要城市的布局来看，北京通过自然科学基金支持大数据智能、跨媒体感知计算、人机混合智能、高级机器学习等基础理论的研究。上海人工智能基础理论与关键技术专题支持开展小样本学习、迁移学习、鲁棒性、脑智理论等理论研究。

3. 对硬件、算法等人工智能基础层核心技术领域的布局不足

从产业生态来看，广州当前更多在智能机器人、智能语音、计算机视觉等人工智能的应用层开展核心技术攻关，对于芯片、算法等基础层的布局较为缺乏。反观其他城市，上海结合其在集成电路等领域的优势，以智能芯片、智能硬件、智能机器人、智能驾驶等为布局重点；深圳强调要加快突破智能芯片、算法、硬件等核心基础。值得注意的是，人工智能产业链包含了基础层、技术层和应用层，基础层和技术层提供技术运算的平台、资源、算法，应用层的发展离不开基础层和技术的应用。可以

说，人工智能的发展必定依赖基础层、技术层、应用层的共同进步，而硬件、算法作为基础层，是促进人工智能发展的重要根基。广州要在人工智能领域中占据重要位置，除了在应用层重点发力以外，对于基础层的布局也应加强。

四 干细胞政策措施

广州主要通过科技计划、产业创新发展行动计划及相关政策措施推动干细胞技术及其产业化发展，总的来看，呈现以下特征。

（一）不同阶段科技计划对干细胞技术的支持各有侧重

1. 2006—2010年重点支持肿瘤干细胞的应用基础研究

2006—2010年，广州应用基础研究计划重点资助恶性肿瘤分子标记物及肿瘤干细胞的应用基础研究。此外，2006年科技攻关计划还资助干细胞与组织工程产品的技术标准、干细胞治疗技术的临床安全性及疗效评估研究。整体来看，2006—2010年，广州科技计划对干细胞技术的支持重点在于恶性肿瘤分子标志物及肿瘤干细胞的应用基础研究。

2. 2013—2019年聚焦干细胞治疗技术的临床转化及干细胞治疗产品的开发与应用

2013年，广州科技重大专项重点资助干细胞治疗技术的临床转化及干细胞治疗产品的开发与应用项目，民生科技重大专项重点资助广州地区临床应用型细胞治疗干细胞库与白血病患儿生物库的建立，应用基础研究专项重点资助干细胞治疗免疫性疾病的临床基础研究和小分子核酸药物和干细胞在疾病治疗中的开发与应用项目。2014年科技惠民与智慧城市专项重点资助干细胞临床应用研究项目，科学研究专项重点资助干细胞治疗免疫性疾病的临床基础研究项目。2017年产学研协同创新重大专项民生科技研究专题及2018年民生科技攻关计划项目生物医药与健康专题重点资助应用干细胞技术手段治疗重大疾病的研究。2019年产业技术重大攻关计划中未来产业关键技术研发专题重点资助靶向病损组织的干细胞精准治疗新技术并探索其临床应用。总体来看，2013—2019年广州科技计划对干细胞技术的支持聚焦干细胞治疗技术的临床转化及干细胞治疗产品的开发与应用。

3. 2020年重点领域研发计划对干细胞技术的支持集中在脑科学与类脑领域的应用研究

2020年，广州重点领域研发计划"脑科学与类脑研究"重大科技专项脑疾病与康复研究方向的重点资助针对脑脊髓损伤，利用临床级干细胞进行细胞治疗的临床研究；脑重大疾病的大动物模型研究方向的重点针对资助干细胞与基因等治疗方式开发及治疗有效性和安全性评估，以及干细胞移植促进视神经再生修复中的效果，干细胞治疗和脑内胶质细胞转化为神经细胞在治疗大动物脑疾病方面的疗效比较。总的来看，2020年广州重点领域研发计划对干细胞技术的支持集中于干细胞技术在脑科学与类脑领域的应用研究。

（二）2010年明确将干细胞技术列为重点发展的技术领域

1. 重点发展多能诱导干细胞（iPS）等技术

广州在《广州市生物产业创新发展行动计划（2010—2012年）》中，明确将干细胞技术列为重点发展的技术领域，并提出重点发展多能诱导干细胞（iPS）技术、大型模式动物干细胞技术和干细胞临床治疗关键技术。

2. 推进关键技术平台和产业联盟建设

生物医药关键技术平台体系构建方面，继续加快推进中科院广州生物医药与健康研究院、广东华南新药创制中心等一批重点创新机构建设，积极支持中国科学院华南生命科学中心、干细胞国际合作基地建设，创造条件吸引和聚集一批国际、国内生物医药创新资源，积极协调和推进军事医学科学院华南生物医药研究院建设。产业联盟方面，继续推进广州干细胞与再生医学技术联盟等已经建立的产学研联盟的建设发展，推动联盟成员之间的知识流动、技术转移和技术合作，支持联盟对外交流与合作，推进相关领域成果转化和产业化，尽快成为国家联盟的重要组成部分。

3. 支持企业国际化发展，建设国际合作基地

支持一批产品获得国际认证和注册，推进一批企业在国外和境外上市，吸引和引进一批国际知名企业在广州设立总部或研发中心，将广州科学城、国际生物岛、中新知识城、南沙资讯园建成生物技术国际合作（穗港澳合作）重要基地。

4. 加快学术领军人才及中青年骨干人才的培养

加快学术领军人才培养，在部分生物技术优势领域遴选一批学术地位较高、创新能力较强的专家，予以连续滚动支持，努力培育一批本行业、本领域学科学术带头人。加快中青年骨干人才培养，鼓励和支持一批中青年科技人才积极开展前沿领域应用基础研究，努力培育一批中青年科技创新骨干和研究团队。

（三）2018 年加快推进干细胞技术发展

2018 年 3 月，广州出台《广州市加快 IAB 产业发展五年行动计划（2018—2022 年）》将干细胞与再生医学列为生物医药产业重点发展方向。同期，出台《广州市人民政府办公厅关于加快生物医药产业发展的实施意见》和《广州市加快生物医药产业发展若干规定（试行）》。同年 9 月，广州出台《广州市生物医药产业创新发展行动方案（2018—2020 年）》。2020 年 2 月，出台《广州市加快生物医药产业发展若干规定（修订）》。

1. 聚焦干细胞技术在重大难治性疾病中的应用

《广州市人民政府办公厅关于加快生物医药产业发展的实施意见》将干细胞与再生医学列入新业态抢先领跑工程，提出要开展区域细胞制备中心、细胞存储中心建设试点，鼓励医疗生物资源收集与储存的进一步开放，推动干细胞制品标准化建设，重点发展标准化流程、规模化生产、中心性供应、统一化监管的新型干细胞产业发展模式；以干细胞治疗心血管系统疾病、糖尿病、神经系统疾病作为突破口，研发新型治疗性干细胞技术与制品在重大难治性疾病中的应用；开展干细胞与再生医学领域的规范性临床转化研究；构建涵盖上游干细胞存储、中游干细胞产品研发以及药物筛选、下游干细胞的临床转化三个环节的全链条产业；引导企业提高创新质量，培育重大产品，发展以干细胞为基源的功能性化妆品。

关键核心技术方面，《广州市生物医药产业创新发展行动方案（2018—2020年）》提出，重点加强干细胞的应用基础研究和转化研究，强化细胞治疗等新治疗手段的规范化临床应用，重点发展针对恶性肿瘤的干细胞辅助治疗、中枢神经系统损伤、皮肤损伤及其他组织损伤、消化系统疾病等重大疾病的再生修复治疗研究，研发新型治疗性干细胞技术与制品；多能诱导干细胞技术，大型模式动物干细胞技术，干细胞临床治疗关键技术，再生医学临床前研究模型，组织工程材料，组织构建及组织工程产品临床应用安全性评价技术。

2. 培育创建再生医学与健康国家实验室

《广州市人民政府办公厅关于加快生物医药产业发展的实施意见》提出推动广州再生医学与健康广东省实验室建成重大科技基础设施、技术创新中心和科技资源开放共享平台，全力创建再生医学与健康国家实验室。支持中科院广州生物医药与健康研究院、华南生物医药研究院、北大冠昊干细胞与再生医学研究院等新型研发机构紧贴市场需求与国内外高校、科研机构、医疗机构、企业合作，形成一批引领性、突破性、颠覆性的生物医药技术创新成果。支持以企业为主体，与高校、医疗机构等建立联合实验室，共同建立产学研紧密结合的公共研发服务机构和共性技术平台。建设1—2个集医、教、研、产于一体的国家级重点医学研究平台和临床医学研究中心，形成医疗卫生高地。深化粤港澳大湾区创新协作，联合香港大学生物医药技术国家重点实验室、香港中文大学医学院等国际领先创新主体，构建长期稳定的协同创新网络，高水平布局科技前沿和交叉学科平台，共建穗港生物科研成果转化基地。《广州市生物医药产业创新发展行动方案（2018—2020年）》提出，重点强化干细胞再生医学协同创新平台建设，发挥中科院广州生物医药与健康研究院、华南生物医药研究院、中山大学等干细胞领域国家级研发平台的作用，同时依托再生型医用植入器械国家工程实验室、人体组织功能重组国家工程实验室，支持开展干细胞与再生医学领域关键技术创新，支持建立和推进相关行业规划和标准，联合本区域高端医疗与高层次教育资源，研发转化一批引领性、突破性、颠覆性的创新成果，进一步强化广州相关产业在国内的领先地位。

3. 推动技术与标准"走出去"与"引进来"相结合

《广州市人民政府办公厅关于加快生物医药产业发展的实施意见》提出，积极实施标准化战略，在粤港澳大湾区创新协同战略下，充分发挥港澳国际化优势，通过中国香港"超级联系人"助推广州市生物医药企业加强与国际技术标准体系对接，推动中国标准海外应用，成为世界标准。大力开展国际科技成果转移转化，积极推动中以、中英、中古等中外创新合作，在生物医药、医疗器械、智慧医疗、研发服务等领域加强产业技术合作和引进。争取国家政策和资金支持，与国（境）外机构合作共建产业技术转移园区、孵化基地和创投基金。支持骨干企业收购兼并境内外科技企业和研发机构，支持有条件的企业建立海外研发基地，加速科技资源集聚，提升企业发展实力。此外，实施国际化引资引技引智工程。建立市与区、政府与企业的招商联动机制，组建高水平、国际化的招商团队，将生物产业作为重点，引进国内外生物医药巨头和拳头产品，吸引带动作用强、科技含量和附加值高的总部、枢纽型龙头企业及科技创新项目。推进以商招商、产业集群招商、中介机构招商等市场化招商模式，加强与外国（地区）驻穗商协会，德勤、普华永道、波士顿咨询、埃森哲等国际知名企业咨询机构合作，借助"外脑"资源开展招商。《广州市加快生物医药产业发展若干规定（修订）》提出，支持本市医药企业从境外引进先进技术到本市产业化或由本市企业主导产业化，给予技术交易金额的10%资助，最高不超过1000万元人民币。生物医药领域的诺贝尔奖、拉斯克医学奖获得者、中国两院院士等专家带项目、技术和团队来穗进行产业化的项目，按照项目总投资的10%给予支持，单个项目最高不超过1亿元。

4. 设立生物医药产业投资基金

《广州市生物医药产业创新发展行动方案（2018—2020年）》提出，围绕生物医药重点子行业，以广州市生物医药产业投资基金、广州市科技成果产业化引导基金等为引导，支持行业龙头企业牵头组建5支以上专业领域创新创业投资基金，带动社会资金投入生物医药科技创新、成果转化和企业孵化。创新和健全各类科技型中小企业融资、投资、信贷、担保服务体系，形成创业投资基金和天使投资人群集聚活跃、科技金融支撑有力、企业投入动力得到充分激发的创新融资体系。进一步加大对生物医药企业的信贷支持力度，努力解决企业尤其是中小企业的融资难的问题，确定一批重点支持的园区、企业、基地，采取股权投资、债券融资、上市融资以及资产管理等多种方式，形成"引金融活水，润企业经济"发展的格局。《广州市加快生物医药产业发展若干规定（试行）》提出设立首期规模 100 亿元的广州生物医药产业投资基金，扶持新药、创新医疗器械项目及生物医药产业园区建设，被投项目在审评审批、药品监督管理等方面纳入市、区有关部门绿色通道并优先办理。

（四）仍存在一些主要问题

1. 对干细胞基础研究的稳定支持有待进一步加强

从技术领域来看，广州从重点支持多能诱导干细胞（iPS）技术、大型模式动物干细胞技术、干细胞临床治疗关键技术发展到以干细胞治疗心血管系统疾病、糖尿病、神经系统疾病作为突破口，研发新型治疗性干细胞技术与制品在重大难治性疾病中的应用。科技计划重点资助的方向从肿瘤干细胞的应用基础研究转向干细胞治疗技术的临床、干细胞治疗产品的开发与应用，进而聚焦到靶向病损组织的干细胞精准治疗及干细胞技术在脑科学与类脑领域的应用研究。与其他城市对比来看，北京市自然科学基金面上项目 2016—2020 年连续五年重点资助干细胞的干性维持及谱系发育研究，上海和深圳的科技计划体系也对干细胞基础研究进行了稳定的资助，广州对干细胞基础研究的稳定支持有待进一步加强。

2. 生物医药相关责任保险补偿机制缺失

为降低生物医药创新产品风险，上海已经建立上海市生物医药人体临床试验责任保险和生物医药产品责任保险补偿机制。深圳也鼓励相关保险机构提供生物医药人体临床试验责任保险、生物医药产品责任保险等定制化综合保险产品，对生物医药机构和企业缴纳的保费予以一定资助。而广州尚未构建生物医药相关保险补偿机制。

3. 尚未建立干细胞产品的快速审查通道

上海出台的《本市贯彻〈关于支持自由贸易试验区深化改革创新若干措施〉实施方案》提出建立干细胞产品快速审查通

道，对国外上市的干细胞产品经快速审查批准后可先行开展临床研究。干细胞产品的快速审查措施能够有效加速干细胞研究的临床转化，促进干细胞产业化发展。而广州尚未针对干细胞产品建立相关的快速审查通道。

4. 干细胞研究行为标准与规范仍需加强

规范干细胞研究行为方面，国家层面出台了《干细胞临床研究管理办法（试行）》《干细胞制剂质量控制及临床前研究指导原则（试行）》《干细胞通用要求》等规范文件。与此同时，北京出台了《医疗机构合作开展干细胞临床研究干细胞制剂院内治疗管理指南》规范干细胞临床研究行为，深圳出台了《人类间充质干细胞库建设与管理规范》规范人类间充质干细胞库的建设与管理。广州在结合城市实际，制定干细胞研究行为标准与规范方面仍需加强。

第八章　推进广州技术发展的对策建议

展望未来，可以从创新制度安排、打造产业引擎、培育技术主体、推动技术转化、利用国际科技资源、改善创新环境等方面着手，进一步推进广州技术发展。

一　创新制度安排，形成重大突破

（一）加强顶层设计，形成长效机制

1. 编制广州中长期科学和技术发展规划

建议广州开展面向未来 30 年的发展战略研究，从参与创新转变为主导创新。在科学预测未来 30 年广州经济社会发展需求的基础上，启动广州中长期科学和技术发展规划纲要的研究和编制。通过制定两个为期 15 年的中长期科学与技术发展规划纲要（2021—2035 年、2036—2050 年），梯次接续，支撑国家建设世界科技创新强国的目标。在充分认识广州当前水平的基础上，开展面向 2035 年科技发展路线图战略研究，针对广州科技发展遇到的瓶颈，制定重点领域科技发展路线图和重点产业技术发展路线图，围绕重点产业领域实施前瞻性技术政策。

2. 制定重大技术发展战略和技术清单

在 2021—2035 年、2036—2050 年的中长期科学与技术发展规划纲要的框架下，组织经济、科技专家和企业家，研究制定

重大技术发展战略，在深入分析世界重大技术发展趋势和潮流，以及广州经济社会发展战略需求的基础上，提出广州重大技术发展的战略目标、重点和技术经济政策措施。进一步深入研究，按照有所为、有所不为的原则，从新一代信息技术、高端装备、低成本和普惠的健康医疗等领域甄别遴选一批可有力带动经济转型升级的"广州重大技术清单"。对进入"广州重大技术清单"的每项技术，抓紧研究制订行动计划和实施方案，明确发展路线图、时间表和相应的技术经济政策支持措施。

3. 创新重大技术组织实施机制

组织实施若干重大技术攻关工程，应集中资源，加强协同攻关，务求取得突破性进展。对近期需要实现产业化的重大技术，积极探索"企业主导＋科研院所和高校＋政府支持＋开放创新"的模式；对前沿重大技术研究，可考虑以新的机制和模式组建若干科研机构，把不同专业的科学家、技术专家集中起来，下决心打"持久战"，加强集成创新和协同创新。

4. 建立技术预见常态化研究机制

广州要借鉴日韩等国家的成功经验，系统开展战略性的中长期技术预见，支撑前瞻性的技术政策。设立技术预见中心，建立常态化研究机制，充分利用信息技术，特别是大数据技术，研究科学有效的技术预见方法。针对新技术，特别是颠覆性技术进行研究和预判，制定相关技术领域发展路线图，通过研究与完善，构建形成持续的预见能力。

（二）探索科技治理，推进科技体制改革

1. 探索科技治理

广州要逐步改变"自上而下"的管理模式，探索新型的科技治理模式，建立集中型和分权型相结合的管理体制，形成可复制推广的广州经验。研究设立创新决策咨询机制，成立科技咨询委员会，建立高层次、常态化的企业技术创新对话、咨询制度；充分发挥民间非营利性机构在科技治理中的作用。建立科技政策协调审查机制和调查评价制度，以加强科技资源的统筹配置，促进经济政策与科技政策有效衔接。

2. 深入推进科技体制改革

加快推动政府职能从研发管理转变为创新服务，加强科技创新管理基础制度建设，进一步深化科技计划管理改革。加快构建多元化科技投入体系，加大科研投入方式的实效评估和优化研究。推进新型科研组织模式、高层次人才引进方式、项目管理、科技评价、协同创新和科技资源开放共享等方面的改革创新。

3. 进一步转变政府职能

完善政府统筹协调制度，加强规划制定、任务安排、项目实施等的统筹协调。进一步推动简政放权、放管结合、优化服务改革，强化政府战略规划、政策制定、环境营造、公共服务、监督评估和重大任务实施等职能，发挥市场配置资源的决定性作用，重点支持市场不能有效配置资源的基础前沿、社会公益、重大共性关键技术研究等公共科技活动，积极营造有利于创新创业的市场和社会环境。正视科技创新风险，强化政府引导创新、承担风险的担当意识，优化科技创新综合评价体系。要改变政策试点"只许成功"的前提，建立政策修正机制，及时对创新政策实施后续评估、修正、废止，以鼓励出台更多有突破力度的政策。

（三）完善科技计划体系，优化科技资源配置

1. 推进科技计划管理体制改革

国家层面，已将财政部、科技部、国家发展改革委、工业和信息化部、商务部等部门管理的各项科技计划进行优化整合。地方层面，北京市也提出将市科委、市卫生计生委、市知识产权局、市农业局、中关村管委会等部门管理的科技计划进行优

化整合，构建覆盖科技创新全过程的，并与国家科技计划体系相衔接的"大统筹"机制。广州应充分借鉴北京等地经验，在市级政府层面统筹推进科技计划管理体制改革，将各部门分管的市级财政科技资金和项目，根据广州市经济社会科技发展需求进行统筹优化整合。

2. 进一步完善科技计划体系

广州市设立了红棉计划、创业领军团队、创新领军团队、创新创业服务领军人才、杰出产业人才补贴、外国高端专家引进计划（项目）等人才项目。但是，未纳入科技计划体系之中。建议将人才项目纳入科技计划体系之中，对科技人才进行系统、稳定的支持。在科技计划体系增设"科技基础设施"项目，将"一事一议"项目纳入其中。

3. 优化财政科技投入机制

结合科技计划实施周期，为统筹合理配置财政科技资源，建议制定为期5年的财政科技投入规划。结合未来广州经济及财政收支情况，对未来财政科技投入进行预计，初步确定未来5年财政科技投入的总盘子；按照尽力而为、量力而行、保障重点、兼顾一般的原则，对各类财政科技投入进行初步安排。

4. 加大科技计划经费持续投入

目前，各城市科技计划经费主要集中在市级科技主管部门科学技术支出中。横向比较来看，2018年，广州市科学技术局科学技术支出预算30.06亿元，略低于北京市科学技术委员会（37.21亿元），不及深圳市科技创新委员会（81.15亿元）的二分之一。2019年与深圳市科技创新委员会的差距进一步加大，不及其三分之一。因此，建议广州加强科技计划体系经费投入，有效支持各类创新主体开展创新活动。

二 聚焦重大领域，打造产业引擎

（一）以需求为导向，聚焦若干技术领域

1. 优先发展经济社会转型急需的重大技术

立足原始创新的引领力，瞄准世界顶尖水平和科技前沿，在绿色制造技术、水的净化与治理技术、资源循环利用技术、智能电网技术、低成本普惠的健康医疗技术、通信和网络安全技术等领域形成难以复制的源头创新，促使广州由模仿创新、追赶创新转变为引领创新。这些技术符合世界重大技术发展趋势，是经济社会转型发展的"卡脖子"技术，也是市场机制不能充分发挥作用、具有正外部性的领域。可再生能源、先进储能、智能电网、雾霾治理等技术开发，发展商业模式创新，缓解能源资源环境瓶颈约束。

2. 推动产业重大技术的创新和突破

重点面向"四新"经济发展，在新型轨道交通装备、高效太阳能电池、人工智能、新能源汽车技术等领域凝练技术创新重点领域，布局一批产业公共技术和前沿技术。这些技术未来发展潜力很大，但市场机制能够较为充分发挥作用，政府主要做好顶层设计，抓好标准制定等工作，创造良好的体制机制和政策环境。

3. 推动形成科技民生产业

围绕特大城市的经济与社会协调发展，全面应对老龄化社会来临，建设生态文明，提高城市管理水平，实现城市的和谐与绿色发展，促进民生科技成果的加速推广和社会应用，切实促进科技惠及民生。立足国际大都市运行安全需求，主动应对城市病，培育拓展新能源和节能环保服务、城市运行安全保障服务、智慧科技服务等民生科技公共福利产业。

4. 聚焦跨界融合和群体突破

以互联网为代表的新一代信息通信技术处于跨界融合和群体突破爆发期，颠覆性技术不断涌现，技术创新活力和应用潜能裂变式释放。广州未来要发挥研发机构集聚的优势，财政投入着眼于信息技术本身及对生物医药、智能制造、能源新兴领域、海洋工程等的渗透影响，形成新一代信息技术聚焦计划和带动渗透计划，并以市场育技术，在智慧城市建设中培育一批代表新兴信息技术创新方向的新锐企业。

（二）推动技术突破，发展人工智能产业

1. 成立战略咨询委员会，研究制定中长期发展规划

在组织架构上，借鉴上海经验，从城市发展战略高度，会集来自企业、高校、科研机构、政府部门、智库平台的专家学者，成立广州人工智能发展战略咨询委员会，论证和评估人工智能发展规划、重大科技项目实施，组织开展人工智能战略问题研究和重大决策咨询，充分发挥咨政建言的重要作用。在政策体系上，围绕基础理论、技术攻关、产业培育、人才队伍建设、社会治理等多个角度，系统梳理广州发展人工智能的基础及短板。紧跟全球人工智能技术及产业发展动向，结合广州自身的资源禀赋、产业发展特征及需求，确定人工智能发展的总攻方向，研究制定人工智能中长期发展规划。在此基础上，可根据规划实施的具体需求，出台相应的短期实施方案或行动计划，细化发展目标及主要任务，作为落实中长期发展规划的重要抓手。

2. 加强基础理论研究和前沿技术布局，重视基础层发展

虽然当前仍处在弱人工智能发展的初期阶段，但实现强人工智能、超人工智能等更高层次的人工智能已成为美国、日本等主要创新国家追寻的目标，并已在相关领域进行了技术布局，期待为人类社会发展带来新的机遇。技术进步是一个长期的、

渐进的过程，需要持续对技术研发进行投入，因此，尽早布局、持续投入是实现重大技术突破、抢占技术发展制高点的必经之路。建议广州在基础研究计划中适当增加部分引导性的项目，加强对人工智能基础理论研究和前沿技术研究的布局，当前可重点在量子机器学习、类脑芯片、类脑智能等领域组织开展有关研究。与此同时，我们还应认识到，算法、算力是促进人工智能发展的重要基础。为此，广州要更加重视智能硬件、智能算法等人工智能基础层的发展。一方面，要组织开展智能芯片、传感器等硬件的关键核心技术攻关，积极培育集成电路产业集群。另一方面，可依托国家超级计算广州中心搭建计算服务平台，积极开展智能算法基础研究和前沿技术研究，加强算力建设，面向社会提供算法服务。

3. 保持技术优势，深入推动与传统产业的融合

从专利技术布局来看，虽然广州人工智能领域整体的技术创新态势不及北京、上海、深圳等城市，但广州的计算机视觉和机器学习的技术创新态势在全国表现较好，部分细分领域甚至在全球范围内都具有一定的比较优势。具体来看，计算机视觉技术在信息检索、光学计量设备领域具有优势；生物特征识别技术在商业领域中得到较好的应用及发展；自然语言处理技术在计算机控制系统研究方面表现突出；机器学习技术在全球的程序控制机械手领域表现抢眼；智能驾驶技术在制动作用启动装置、转向机构方面具有相对优势。这类优势领域是广州人工智能发展的重要方向，也是抢占创新发展制高点的有力支撑。为此，建议广州一是要积极组织开展这类优势技术的深入研发，持续跟踪相关技术领域的前沿动态，保持技术创新优势地位。二是深入推动这类优势技术领域与传统产业的紧密结合，例如，大力支持生物特征识别技术在传统商业中的应用，结合广州汽车产业的雄厚基础，支持智能驾驶技术的发展及应用等。以此为突破口，在促进传统产业转型升级的同时，为人工智能技术

提供应用支撑。

4. 借助国家新一代人工智能创新发展试验区建设契机，打造国家级创新平台

国家新一代创新发展试验区是依托地方开展人工智能技术示范、政策试验和社会实验，在推动人工智能创新发展方面先行先试、发挥引领带动作用的重点区域，是国家支持打造的具有重大引领带动作用的创新高地。截至目前，国家已同意并支持包括广州在内的13个城市建设国家新一代人工智能创新发展试验区。基于此，广州要充分利用此次契机，以人工智能与数字经济试验区为主要载体，积极打造国家级创新发展平台，充分利用广州在人工智能科教资源、应用场景、基础设施方面的优势，建立高水平研发体系，力争在人工智能领域的基础理论研究、关键核心技术研发、应用场景建设、新产品推广、社会治理等方向上实现重大突破，以人工智能激发广州"老城市新活力"，在粤港澳大湾区智能经济和智能社会发展中发挥示范引领作用。

5. 加快推进产学研合作，进一步发挥在穗高校的引领带动作用

不论是人工智能整体的技术创新态势还是重点技术分支的创新态势，表现突出的机构主要是华南理工大学、中山大学、广东工业大学等在穗高校，这些高校是推动广州人工智能领域技术创新发展的重要主体。尤其是华南理工大学，人工智能整体的技术创新态势居全国前列，在机器学习领域，则进入全球前十，表现十分抢眼。为此，广州要加快推进产学研合作，进一步发挥在穗高校的引领带动作用。一是凝聚政府、高校、企业、科研院所等多方力量，加快推进人工智能产学研合作。借鉴北京经验，充分利用华南理工大学广州市脑机交互关键技术及应用重点实验室、广州市机器人软件及复杂信息处理重点实验室、中山大学多媒体实验室和人机互联实验室等一批高校基础科研平台，推动高校与企业、科研院所加强合作，以共建联

合实验室、承担重大专项等形式，组织研究团队开展跨学科、大协同的创新攻关。

6. 打造世界级的应用场景，积极推动新产品落地

近年来，广州越来越重视人工智能应用场景，在多份政策文件中都提到要支持应用场景建设，并在2020年重点领域研发计划中设置"人工智能应用场景示范"重大科技专项，按照最高不超过500万元的标准给予相应支持。应用场景是促进人工智能落地的关键，建议广州借鉴上海经验，不限定申报单位的类型、所在地等，实施应用场景"揭榜挂帅"机制，面向全球征集人工智能应用场景解决方案，打造世界级的应用场景，会聚全球人工智能企业，共同为广州人工智能应用场景建设贡献智慧。聚焦医疗、教育、城市管理、制造业等领域，建立应用场景动态发布制度，搭建供需对接平台。除此之外，结合应用场景建设促进新产品落地，将具有市场前景的人工智能新产品优先纳入《创新产品目录》，推进政府首购和订购，完善新产品支持政策，对于首台套、首版次、首批次的人工智能新产品给予相应奖励支持。

7. 提高公共数据开放程度，加强人工智能治理

人工智能的发展需要海量数据，可以说，数据为机器学习提供了重要支撑，是促进人工智能技术进步的关键动力。广州当前已搭建政府数据统一开放平台，62家开放单位共开放了1.2亿条数据，覆盖了产业、金融、教育、科技等领域，具有较好的开放基础。建议广州进一步提高公共数据开放程度，借鉴北京经验，探索实施公共数据分级分类管理，对接企业需求，对于可完全公开的数据应最大限度地对外开放，对于有条件公开的数据，则可通过应用竞赛、授权开放等特定方式面向人工智能企业进行开放。在推动数据开放、促进人工智能发展的同时，广州还应加强人工智能治理。人工智能仍处于发展的初期阶段，有关技术标准、评估体系、法律法规、伦理规范等都尚未完

善。一方面，广州要鼓励相关机构积极参与并主导技术标准制定、评估体系构建，加快推进技术标准创新，抢占技术创新的主导地位。另一方面，要组织开展相关政策试验，加强法律法规、伦理规范、安全监管等方面的探索，为人工智能发展提供条件及保障。

（三）聚焦干细胞技术，推动产业发展

1. 加快推动技术优势转化为产业优势

目前，广州在 A61K8（干细胞或其外泌体在化妆品领域的应用）、A01N1（干细胞的冻存液及冻存方法）、A61K36（含有来自藻类、苔藓、真菌或植物或其派生物的细胞制剂）、A61K38（含肽的细胞制剂）、A61L27（干细胞在组织工程材料中的应用）以及间充质干细胞等领域已经在全球范围内形成较强的技术优势，建议广州要充分认识并高度重视已有的技术优势，加快制定干细胞产业发展规划，围绕以干细胞为基源的功能性化妆品以及干细胞在组织工程材料中的应用等重点方向布局前沿技术及产业共性技术研究，推动干细胞研发平台、产业化平台及公共服务平台建设，形成完整的干细胞产业创新平台网络，促进高校、科研机构、医疗机构与企业在干细胞技术研发、应用、推广等方面的合作，协同推进干细胞技术成果转化应用，推动技术优势转化为产业优势。

2. 推进细胞制造技术发展

细胞制造技术是干细胞技术研发的重要基础。大力发展细胞制造技术能够为干细胞技术研发提供规模化的、优质的细胞来源，降低细胞制备成本，同时能够带动众多中小企业加入干细胞研发与转化行业，壮大干细胞研发实力与产业规模，能够有效促进干细胞技术研发与产业化。建议广州落实《广州市人民政府办公厅关于加快生物医药产业发展的实施意见》开展区域细胞制备中心、细胞存储中心建设试点，推动干细胞制品标准化建设，并结合自身在 A01N1（干细胞的冻存液及冻存方法）、A61K38（含肽的细胞制剂）以及全自动化干细胞诱导培养设备等领域的全球优势，借鉴美国《面向2025年大规模、低成本、可复制、高质量的先进细胞制造技术路线图》的做法，支持细胞制造技术发展，优先支持细胞处理、细胞保存、分配与操作、细胞处理监测与质量控制等领域技术发展。

3. 促进干细胞技术研发国际合作

2000—2020年，广州虽不断拓展干细胞专利的国际化布局，但其干细胞领域境外专利比重仍低于全国平均水平，与北京、上海相比，存在较大差距。建议广州借鉴日本、北京、上海等地经验推动干细胞技术研发国际化。一是借鉴日本经验，鼓励企业与研究机构参加国际多中心临床试验，积累并灵活使用国内外试验数据的知识和经验，提高药物研发的效率。二是借鉴北京经验，充分利用高等学校、科研院所的国际合作渠道，积极对接全球顶尖医药健康跨国公司，支持其在穗建设总部和研发中心；推动生物医药领域企业在管理、质量、标准体系等方面与国际接轨，鼓励企业开展国际专利申请，支持重点药品在海外注册、上市。三是借鉴上海经验，开展重大疾病国际化协同创新研究，建设高水平国际合作研究网络，在重大疾病领域，加强与先进国家的科技合作，牵头或参与开展多中心临床研究。

4. 建立干细胞产品快速审批机制

日本将细胞治疗、基因治疗、组织工程作为独立于药物、医疗器械的再生医学产品单独监管，对于均质性不一的再生医疗等制品，如果能确定其安全性，并且能估计其有效性，则通过附加条件及期限，在早期就可以对其予以承认。然后，再重新验证其安全性和有效性。上海建立干细胞产品快速审查通道，对国外上市的干细胞产品经快速审查批准后可先行开展临床研究。建议广州借鉴日本及上海的经验，探索开辟干细胞新药绿色通道，建立干细胞产品快速审批机制。具体来看，可以针对干细胞医疗制品建立一套有别于常规化学药品和生物制品的新药注册、评审、临床评价机制，在保证规范、安全的同时提高审批效率，产品完成Ⅱ期临床研究后即可允许有条件地进入临床应用，对国外上市的干细胞产品经快速审查批准后也可先行开展临床研究。

5. 推进干细胞成果临床应用与转化

首先，加快研究型病房建设，为干细胞研究成果临床试验提供支撑。建议借鉴北京经验，统筹规划研究型病房建设，在具有药物和医疗器械临床试验资格的医院，优化研究型病房的空间布局、基础设施设备、临床研究能力和支撑保障条件等，完善研究型病房质量控制和风险防范体系，制定信息化建设和管理规范标准，建立全市统一的临床研究管理和服务平台，促进信息透明对称和资源开放共享，成立伦理审查联盟和区域伦理委员会，逐步建立医院间和区域内的伦理审查结果互认机制，建立受试者招募合作联盟，提升临床研究受试者的招募效率和质量，逐步将研究型病房建设成为医务人员开展药品和医疗器械的临床试验、生物医学新技术的临床应用观察的主要场所。此外，多渠道资助引导研究型病房与高校、科研机构、高新技术企业和技术转移机构等，联合开展干细胞技术开发与转化研究。其次，依托广州干细胞与再生医学技术联盟，设立干细胞研究成果转化医学中心。探索建立干细胞治疗技术转化临床前和临床应用评价体系，支持在穗高校、临床机构、科研机构以及企业在干细胞技术的研发、应用、推广、规范、服务等方面加强合作，按照风险共担、收益共享的原则，协同推进干细胞成果转化应用。

6. 持续支持干细胞基础研究

干细胞基础研究创新成果对关键技术突破及应用研究发展具有重要的影响。加强对干细胞基础研究的稳定支持有助于提升广州干细胞研究基础创新能力，推动干细胞关键技术取得突破，为干细胞产业发展提供持续性的支撑。建议广州借鉴北京、上海、深圳的经验，在关注干细胞科学前沿、基础科学问题的基础上，结合社会民生重大科技问题及干细胞产业发展情况，遴选重点支持的领域，在科技计划体系中对干细胞基础研究进行稳定的资助。

三　培育技术主体，提高技术能力

（一）增强企业技术创新能力

1. 加强科技计划对企业创新的支持

当前广州科技计划对企业创新能力的支持主要包括高新技术企业培育补助、企业研发投入后补助、创新标杆企业补助、科技型中小企业以赛代评补助、台资企业创新补助五类项目。整体来看，还可以进一步加强对企业研发和技术转化的支持。一是在高新技术企业培育方面，建议将资助金额与企业研发支出挂钩，根据企业研发支出给予一定比例奖励，推动企业加大研发投入。二是设立伙伴研究专项，支持企业与本地高校、科研院所合作开展技术研发。三是针对企业设立高新技术成果转化专项，支持企业加强与高校、科研院所的务实合作，积极承接在穗高校院所科技成果，推动一批高质量科技成果在穗转化落地。

2. 扩大创新券支持的企业创新的范围

从国内外创新券制度的最新发展态势来看，创新券适用范围已逐渐向知识产权、企业管理、人才培养等领域拓展。建议进一步拓展创新券支持范围，将与创新紧密相关的如知识产权服务、企业战略规划、人才培养、创业孵化等服务纳入适用范围，以此带动更多类型的服务机构为中小企业提供创新发展服务，全方位满足中小企业的创新需求。

3. 积极优化创新生态

建立"鲑鱼回流"计划，积极吸引那些在广州创业、之后离开广州的创新型企业回流广州。大力吸引国国内外大型创新企业来广州设立全球或亚太地区总部，为它们创新发展提供服务支持。财政投入应从重视规模效应向重视创新能力转变，促进中小企业的专业化发展。广州制造企业要充分利用广东乃至全国、全球的创新资源和生产要素，把生产加工、低端服务等外包出去，大力培育"两头在穗"的科技型企业。

4. 支持技术研发组织模式创新

随着科技创新模式发生重大变化，技术研发组织模式也应随之变化。广州要通过制度创新对新型研发的法人定位、功能定位等进行界定，并通过管理体制和运行机制的创新，鼓励跨学科研究和产学研协同创新，充分发挥各创新主体的积极性，培养创新团队和创新人才。推进国际互认实验室的建设，积极引导和支持有条件的科研机构和企业到国外建立研究开发机构。加强大数据和研发服务平台的建设，形成数据驱动的发展新模式，加快提升创新体系整体效能。

（二）大力发展研发产业

20世纪90年代以来，欧美发达国家研发活动日益外部化与市场化，并逐渐形成一个新的产业——研发产业。发达国家的经验表明，当经济发展步入创新驱动阶段后，研发产业对区域产业结构升级、经济发展质量提升、科技创新能力提高具有重要作用。广州要充分发挥科技资源集聚、市场发育完善、科技服务业发达等优势，大力发展研发产业，从而为本地、本区域乃至亚太地区的企业提供研发服务。

1. 谋划建设研发产业集聚区

在研发产业主体规模较小、竞争力不强的前期发展阶段，大量产业主体集聚发展能够提升研发产业的整体竞争力，从而以整体力量参与全球研发网络，获取高端研发资源。建议政府部门根据战略性新兴产业布局，统筹规划建设研发产业集聚区，集聚"技术先进型"专业研发机构，引导软件、生物医药、新能源汽车、高端制造等研发机构分类入园，对进入研发园区的研发机构，经认定符合条件的可优先购买研发用房、优先租住人才公寓、优先申报科技项目，对其科研用地建设、科研办公用房、购买仪器设备等给予资金资助和相关政策支持；重点支持软件和生物医药研发等新兴战略性行业中的研发外包领跑者，使其成为广州相关产业科技创新的主体，并成长为行业内一流品牌。

2. 建立研发信息服务平台

加快启动包括软件评测、软件培训、数据通信、共享数据、构件技术、IC 设计、信息安全、嵌入式技术、动漫与多媒体技术及软件交易服务等服务模块建设；积极搭建生物医药、新材料、能源环保、高端装备制造等技术转移和工业设计领域平台。建立研发信息服务平台，提供信息咨询、共性技术攻关、咨询培训、知识产权、投融资等信息。并以建立信息服务平台为契机，梳理、整合、推介与研发外包相关的各类中介资源，为研发外包企业提供商业计划服务、公共诚信评价、知识产权服务、企业/园区交流、法律服务、战略辅导、市场策划等全程专业化中介服务。

四　推动转化孵化，放大技术效应

（一）发展技术市场，推动技术转移转化

1. 进一步促进科技成果转化

进一步改进《广州市促进科技成果转化实施办法》，大力完善高等院校、科研院所技术转移机制，引导高等院校、科研院所不断完善技术转移管理制度和决策制度，以更好发挥广州高等院校集聚、科研成果众多的优势。进一步提高科研人员成果转化收益的下限，建议科技成果转化所获收益可按不少于70%的比例，奖励科技成果完成人及为科技成果转化做出重要贡献的人员，以更好地激发科研人员创造力，并形成良好的社会

示范。

2. 加强科技计划与技术市场衔接

科技行政管理部门应改变当前科技计划项目与技术市场结合不紧密的现象，注重科技计划项目与技术市场之间的对接，科技计划项目设置应来源于技术市场的需求，科技计划完成成果应流向技术市场，成为技术市场的供给，使技术市场成为科技计划项目来源与扩散的主渠道。一是要建立科技计划信息披露制度，进一步疏通技术转移通道。在权威的技术信息平台上及时发布科技计划立项信息，计划项目成果完成信息、技术招标信息等。二是要通过相关计划，促使企业早期介入大学和研究院所的研究过程，促进技术转移，加快技术成果的产业化和市场化。

3. 完善技术交易主体的信用评级制度

技术交易主体的信用评级对减少技术产品交易中的信息不对称，提高技术产品市场中各参与者的利益具有重要作用。政府技术市场管理部门应分门别类地对市场上各类主体的信用进行评级，以政府的公信力强有力地传递技术质量的"信号"。这样，消费者可以根据信用评级结果去选择技术产品，减少信息不对称问题带来的损失，政府部门可利用评级信息对技术产品提供商进行分类监管和指导，降低监管的信息成本，提高监管的效率；生产企业可通过委托评级机构进行评级，以期提高技术产品生产者的信誉度和市场竞争力。

4. 打造多层次、专业化的技术交易网络平台

积极利用广州信息设施优良、信息化水平高的优势，打造多层次、专业化的国内一流技术交易网络平台，提升技术市场的整体水平。一是搭建国内一流技术交易网络平台。依托广州技术市场现有的网络、平台、信息资源，整合搭建国内一流的技术交易与技术信息平台，该平台是一个集技术集成、信息资源管理、中介机构管理、交易结算于一体的系统，不仅提供各

种咨询信息与交易信息，而且可以进行网上技术交易结算。在此基础上，与珠三角其他城市，甚至与国内外其他地区的网上技术交易平台之间进行互联互通，加速信息交流，进行网上交易，降低技术交易成本，为高校、科研院所的研发决策提供科学依据。并以整合技术交易网络平台为契机，建立一个多层次的资源共享、功能互动、标准统一、规则明确的技术市场公共服务网络。二是构建战略性新兴产业专业技术平台。根据广州重点产业发展需求，进一步细分新一代电子信息、新能源汽车、先进制造、生物工程、新医药、新材料等专业技术市场，在广州市技术交易网络平台中，进一步建立战略性新兴产业专业技术平台，形成多层次、专业化的技术交易网络平台，并以此为契机，形成具有广州特色的专业技术市场。三是建设具有岭南特色的农业专业技术平台。整合各类农业科技技术应用推广平台，打造具有岭南特色的农业专业技术市场，使得华南地区农村技术市场发展有质的飞跃。

5. 建立高素质的技术经纪人队伍

技术市场是促进科技成果转移转化不可缺少的重要环节，科技成果转化的实质是科技成果的市场化。广州要大力组织开展技术经纪人培训，奖励优秀的技术服务机构和先进的区县技术市场，进一步发挥技术经纪人、技术服务机构、技术市场体系的作用，大力促进科技成果转移转化。要加强对技术经纪人资质制度研究，积极建设技术经纪机构和组织，建立和完善技术经纪人认证制度，完善技术经纪人公共服务体系，提供完善的为技术经纪人服务的信息服务平台，打造一支专业技术素质高、市场营销能力强的技术经纪人队伍；支持与国际国内高端人才服务机构的交流合作，积极引进技术经纪人来穗创业工作；加强与高等院校、职业学校、科研院所合作，依托一批重点企业和重点项目，建立重点领域技术经纪人人才培训基地。

（二）发挥高校技术优势，推动技术孵化

1. 推进孵化器体制机制改革

首先，要认识到孵化器发展到现在，其边界越来越模糊，跨界融合的趋势十分明显，行业的投资功能越来越强，由于投资具有高风险性，因此，对国有孵化器的投融资的行为要采取相对宽容的态度，不仅从中长期来考察其投资效益，而且应综合考虑其投资行为的经济效益与社会效益。其次，要对国有孵化器进行分类改革。对于非营利性孵化器，应当以社会公共利益为己任，采取市场化运作方式，降低运营成本，保持低的盈利水平；对于营利性孵化器，则要大胆探索，增强其活力，要加快其吸引民营孵化器、企业、风险资本等参与，实现国有孵化器、民营孵化器等交叉持股、相互融合，推进兼并、重组，激励做大做强。

2. 健全创业孵化体系

要进一步完善创业孵化生态体系，制定广州市科技企业孵化器发展规划，完善孵化器体系，优化孵化链条。加快各种面对不同需求的孵化器发展，形成创业社区、创业服务中心、企业孵化器、园区孵化器、大学科技园孵化器、留学人员创业园等多种类型孵化器共同发展格局。根据广州市战略性新兴产业支持方向，在新一代信息技术、生物与健康、新材料与高端制造、时尚创意、新能源与节能环保、新能源汽车等领域，发展一批专业孵化器。针对创业企业不同发展阶段特点，打造前孵化器、孵化器、加速器的完整孵化链条，形成全过程、接力式的创业孵化服务链条。面对新的移动互联网创业热潮，建议成立移动互联网孵化专委会，把各种服务组织串联在一起，形成资源服务共享。

3. 积极整合各类资源

积极承办各类创新创业大赛，宣传优秀创业项目，集聚科

技、创意、金融及媒体等社会资源。设立、引进、吸纳更多的技术转移机构，为孵化器孵化企业技术成果转化和交易创造条件。逐步建立完善的公共技术服务平台，提升专业化技术服务设施和条件。积极引进科技中介、法律事务代理、专利代理、经纪服务、金融服务等机构入驻。着力整合高等院校、科研机构、大型企业的技术设备，以为在孵企业提供重大生产设备和检测仪器的协作共用。各孵化器要与产业集团、风险投资机构等建立互动机制，探索产业龙头企业对加速器企业的并购，建立孵化器运行机制，推动新产业、新产品和新技术的培育和发展；开展风险投资机构与在孵企业对接座谈会，积极与风险投资机构建立战略伙伴关系，探索"孵化＋创投"的孵化发展模式，聘请风险投资家担任孵化器的投资顾问，为在孵企业提供投资咨询服务，促进其对企业的投资。

4. 完善在孵企业推出机制

孵化器为了筛选具有发展潜力的科技企业入驻，鼓励在孵企业在孵化成功后能够主动退出，就需要建立合理的进入与退出机制，这对孵化器的发展具有举足轻重的作用。首先，成立专家项目组，提高孵化器辨识能力。在企业进入的管理上，孵化器要针对创业项目不同的技术领域和研发状态，聘请相关专家，组建专家团队，并从产业领域、团队组合、产品前景、资金保障等方面把关，对新进企业进行遴选、培训与项目评估，从中选出符合孵化器入驻要求的企业或者项目，实现高质量的"育苗"任务。其次，对在孵企业进行考核，优化配置孵化资源。重视对孵化企业的过程化管理和考核，实现孵化资源的优化配置。孵化器要对孵化企业的经营管理情况进行跟踪、服务，每年对企业进行定期考核，并按照考核结果进行分类。对创业绩效和发展前景较好的企业予以激励并重点扶持，对那些运作不正常、难以为继的企业及时予以淘汰，实施"扶一批、拉一批、挤一批"的管理措施，从而实现孵化资源的有效配置，加快孵化企业的新陈代谢。最后，消除孵化器内外优惠条件的差异。针对那些超过孵化年限的企业，孵化器可以对其加收租金或服务收费，通过经济手段消除孵化器企业内外优惠条件的差异，从而提高孵化资源的使用效率。

5. 促进孵化器国际化发展

一是依托广州技术转移机构，通过合作共建、资源共享等方式建设国际企业孵化机构，支持有条件的孵化机构在国外设立分支机构，吸引当地优秀项目和创业团队进驻，提升广州科技企业孵化器的国际化发展能力。二是依托广州国际科技孵化基地，整合广州国际科技合作资源，吸引国际一流的创新人才、技术和项目落地孵化。三是鼓励境外机构通过股权投资等形式在广州设立孵化器，支持各类孵化机构引进国际服务模式先进的孵化机构或投资基金，带动广州本地孵化器国际化发展步伐。四是支持孵化机构与国际企业孵化协会和组织开展交流与合作，促进广州科技企业孵化器与国际孵化机构间的信息交流和项目合作，组织在孵企业参加国际孵化机构开展的培训、展示和评选活动，提升企业知名度。

五 利用国际资源，扩大合作网络

（一）集聚国际人才，夯实技术基础

1. 积极吸纳国际人才

积极探索柔性引才新模式，尝试面向全球发布广州重大建设项目、重大科研项目，推进实施留学人员短期人才回国服务项目，推行"外籍留学人才孵化工程"。大胆探索外籍人才担任新型科研机构事业单位法人代表、相关驻外机构负责人等制度。鼓励国际人才提供知识产权及专利技术服务，加强对海外人才在项目申请、融资服务、成果转化等方面的支持。鼓励各类国际高端人才参与中国科学院、中国工程院外籍院士的评选。对

于做出突出贡献的国际人才,应给予广州市政府特别奖励。积极探索实施国际人才安居工程,为国际人才量身解决"住房难"问题。加快推进海外医疗保险结算平台建设,要针对国际人才,建立基本医疗保险制度,探索建立商业化补充医疗保险,为国际人才提供优质、便捷的医疗服务。

2. 进一步简化出入境手续

争取公安部支持,出台更开放的出入境政策。第一,针对外籍高层次人才、创新创业外籍华人、创业团队外籍成员和企业外籍技术人才、外国青年学生、一般外籍工作人员等多类外籍人才群体,提供签证、长期居留、永久居留等方面的便利化服务,并放宽其配偶或家庭成员的准入政策。第二,拓展中美、中加、中澳的商务、旅游、探亲活动十年多次往返有效等政策,探索中欧及其他发达国家商务、旅游、探亲等活动十年多次往返签证。第三,向外籍、本科以上学历的留学人员试行"侨胞证"或"华裔卡",允许不限次出入境、不限期限在华居留,鼓励留学人员回国学习、工作、生活和为国服务。第四,设立专门针对中国香港、中国台湾和亚裔(印度、马来西亚、新加坡等)国际人才居留计划。

3. 大力发展人力资源服务业

第一,制定产业发展规划。明确广州人力资源服务业发展的重点领域、主要任务、保障措施,引导人力资源服务业与"互联网+""一带一路""中国制造2025"等国家重大战略对接,指引人力资源服务业与广州重大产业发展相融合,强化人力资源服务与广州重点产业人才需求相联动。第二,研究设立"人力资源服务产业发展专项基金"。主要用于扶持人力资源服务业发展中的基础性、关键性领域,包括支持人力资源服务产业园区建设,扶持人力资源服务机构品牌培育、研究、制定与推广人力资源服务行业标准等。第三,降低人力资源服务企业门槛。放宽外资股权限制和最低注册资本金,大力引进外资和民资人力资源服务企业，减少行业垄断，形成竞争机制，以改变长期存在于人才市场的粗放式、低水平经营的现状，为全球客户提供优质服务。第四，着力支持自主品牌建设。通过考核评比，每两年推出一批"广州人力资源服务业十大品牌""广州人力资源服务业十强机构"，逐步培育一批广州本地的人力资源服务品牌。第五，健全行业协会职能。积极促进行业协会发展，增强行业协会服务功能，加强行业理论研究，形成行业自我约束机制。将行业协会打造为指导行业发展、反映行业诉求，链接各方力量的重要平台。

4. 加快推进"互联网+"

要以人才数据库为基础，以信息系统为支撑，建立国际人才信息网，打造一站式、全流程的人才发展和服务综合门户网站。建立人力资源服务大数据分析处理中心，运用云计算、物联网等现代信息技术，推动实现服务方式智能化、业务处理信息化。制定广州人力资源公共服务信息化发展规划，积极发展网上人力资源市场，鼓励建设人力资源服务网站。完善人才信息库功能，建立基于广州重点产业人才数据库，主要包括海外高级专家、海外高级专家项目、海外合作企业、风险投资家等，以及时掌握重点行业国际人才动态。

（二）强化国际科技合作，提升科技地位

广州具有国际化程度高、科技资源丰富等优势，要先行先试，大胆探索国际科技合作。

1. 探索设立国际大科学计划

广州聚集了全省80%的高校、97%的国家级重点学科、69%的国家重点实验室，积累了一批基础研究的人才队伍。建议通过国际合作全面加强基础科学研究发展，探索设立国际大科学计划培育专项，面向基础性、战略性和前瞻性领域的前沿科学问题和全球共性挑战，针对目前尚未形成完整国际合作框

架、正在对接国外合作伙伴但有巨大成长潜力的重大科学项目，培育广州市科研机构、高等学校，尤其是国家重点实验室、国家工程技术中心，在材料学、化学、农业科学、临床医学和海洋科学等领域，牵头发起或承担可以在国际上引起广泛共鸣的国际大科学计划和大科学工程，以面向全球吸引和集聚高端人才，培养和造就一批国际同行认可的领军科学家、高水平学科带头人、学术骨干，形成具有国际水平的管理团队和良好机制，打造高端科研试验和协同创新平台，支撑粤港澳大湾区国际科技创新中心建设。

2. 尝试向全球发起重大科技攻关项目

研究尝试发起广州重大科技攻关项目，面向全球进行招标。在组织方式，可以开展多种途径的国际研发合作，建立中外科研力量协同合作研究中心，以重大项目任务为纽带，开展协同科技攻关；也采取全面国际化战略，借助国际高水平人才团队，组建任务明确的卓越研究中心，以快速跟上世界前沿，实现重大突破；通过签订国际科技合作协议、建立联合实验室、参加国际学术会议等广泛开展合作研发活动。

3. 探索设立重点合作与自主合作相结合的对外研发合作专项

针对广州当前对外研发合作支持的国（境）外主体局限、领域不明晰的问题，建议将重点合作与自主合作相结合，设立重点区域合作专题和自主合作专题，明确对不同区域的重点支持领域。针对美国、瑞士、英国三个国际专利合作活跃的区域设立重点区域合作专题，与美国的合作重点支持新一代信息技术、生物医药、化妆品等领域，与瑞士的合作重点支持新一代信息技术、生物医药等领域，与英国的合作重点支持清洁、化妆品、电子电器等领域。自主合作专题支持除重点区域之外的其他区域国际合作，优先支持新一代信息技术、人工智能、生物医药、新材料、新能源、海洋经济等重点领域。

4. 优化对外研发合作

广州要加大力度，鼓励本地机构走出去。一是对"一带一路"、港澳台等不同区域分别设立科技合作专项，明确对不同区域的重点支持领域，鼓励全市高校、科研院所、企业等与其开展科技创新合作与人员交流。二是聚焦重点领域，设立企业国际科技合作专项，鼓励本市企业与国外企业开展联合研发、合作技术攻关。三是设立企业走出去海外布局专项，在重点领域支持企业通过在海外设立研发中心、代表机构等，充分利用当地创新资源和需求，开展科技创新活动，促进技术、标准、产品等"走出去"。

5. 积极嵌入国际创新网络

广州要积极嵌入国际创新网络，为此，要打造一批具有全球服务能力的大型科学设施，为全国乃至全球科学家开展世界一流的研究工作提供优质高效的服务；布局建设诺贝尔奖科学家实验室，聚集和培养国际一流科技人才、开展高水平国际学术交流；成立海外创新中心，建立国际科技合作渠道，对接海外创新创业资源；以重点实验室等国家级平台为载体，吸引全世界卓越科学家、工程师来穗从事科学研究；积极参加和建立国际学术合作组织、国际科学计划，主动与国外高水平教育机构、科研院所合作建立联合研发基地；积极支持学术带头人参与国际大科学计划，支持和鼓励本土科技人才任职于全球科技组织；研究设立研发合作发展基金，鼓励外资研发机构与本土研发机构合作承担重大研发项目；激励广州科技服务机构获得国际相关授权与认证，推动其与国际知名技术交易平台和机构开展合作；构建广州国际创新合作战略伙伴机制，以争取国际科技组织落户广州。

六 改善创新环境，增强发展动力

（一）推进制度创新，形成强大技术动力

1. 进一步完善按要素分配的激励制度

虽然广州在鼓励技术、管理等要素参与分配也出台一些政策，但对创新动力的提升还远远不够。因此，政府应该出台按生产要素分配的指导意见；进一步深化人力资本出资入股试点工作，对内部持股、技术分红、管理、技术与信息入股员工的进行大胆探索与实践，通过知识资本化（如技术职工持股、经理股权等）和知识职权化（如按知分配组织权力等）等市场激励方式，拉动各行业进行科技创新。

2. 增强高校、科研院创新动力

长期以来科技成果的"价值"都是单纯以获得国家经费多少、发表论文数量、所获奖励级别和数量来确定的，这种评价体系仅体现科技成果的"学术价值"忽略了科技成果的"市场价值"，导致科技人员在科技活动中缺乏创新意识。因此，要不断完善科技成果评价机制，对成果的评价不应局限于学术价值，而应将科技成果市场价值的评价纳入评价体系中，从而鼓励科技人员进行技术创新。要支持科研单位、高等院校合作共建技术开发机构，鼓励以高科技项目为龙头，以无形和有形资产作价入股方式，直接组建科研生产一体企业，不断增强广州的技术储备和技术供给。

3. 鼓励人才流动促进技术转移

广州要完善大学、科研院所和企业之间人才双向流动机制，鼓励"连泥带土"的技术转移模式，鼓励科技人员通过技术转移，到企业任职或进行技术访问，将科技人才流动与技术转移结合起来。要尝试建立人才使用、人才流动新机制，突破大学、科研院所现有管理体制，尝试大学、科研院所技术转移"连泥

带土"的转移模式,即大学、科研院所人员随着技术转移,到企业任职或做有组织的技术访问,把人才与技术项目流动结合起来;建立大学、科研院所和企业之间人才的双向流动机制,通过人才的流动实现技术转移。建立新型的产学研结合方式,鼓励科技人才以知识产权参股、兴办联合实体或成立股份制企业等方式进入企业,实现技术流动与人才流动的相互结合,为技术市场增添活力。

(二)加大知识产权保护,形成创新保护网

1. 强化知识产权保护

依法打击各类侵犯知识产权的行为,维护商标、专利、著作持有人的合法权益。加强对技术商业化全生命周期的专利保护。临时专利和商业方法专利,借鉴美国技术商业化全生命周期的专利保护制度。广州应积极借鉴其做法,为推进技术商业化、科技成果产业化提供良好的知识产权环境。首先,借鉴"临时专利"做法,强化"专利优先权"。尽管我国目前实施的"专利优先权"与美国的临时专利有一定相似之处,但是相对而言,限制较多,灵活度较弱,需要进一步加强。其次,要借鉴"商业方法专利",探索形成保护和鼓励技术商业化过程中商业模式创新的机制。在广州地方法规政策上率先做出探索,特别是一些技术创新专利或软件著作权会涉及商业模式的创新内容,应积极引导企业根据现行法规要求申请知识产权保护。

2. 完善知识产权维权平台

知识产权纠纷,特别是海外知识产权纠纷处理是企业开展国际化业务面临的现实困难。建议依托广州市知识产权维权援助中心,构建集快速审查、快速确权、快速维权于一体,审查确权、行政执法、维权援助、仲裁调解、司法衔接相联动的知识产权快速协同保护平台。在国家实施"一带一路"倡议以及粤港澳大湾区建设的背景下,聚焦企业海外投资、并购、参展及产品布局等环节的知识产权风险，为企业提供有针对性的海外维权服务。

3. 维护技术秘密

目前，企业技术秘密难以得到有效保护。民事体系来看，到竞争对手公司取证较为困难。刑事体系来看，震慑力较大，但立案困难。企业技术秘密保护工作涉及科技、市场监管、财政等行政部门和公安、检察、法院等司法机关，需要各职能部门协同联动。建议广州市政府结合《反不正当竞争法》等法律法规，联合相关部门出台落实相关措施，并牵头制定企业技术秘密保护执法协作办法，建立各部门执法协作机制。加强技术秘密案源信息管理，突出快速发现和通报案件线索。加强案件排查工作，加大对侵犯技术秘密行为的联合执法力度。

（三）优化发展环境，形成技术创新氛围

1. 培育企业家精神

企业家是广州技术创新的稀缺资源，政府要树立为企业服务的意识，要抓紧落实各项优惠政策，开展针对企业的专题培训，主动宣传解读相关政策。要加强对企业创新的动态研究，及时了解企业存在的问题及症结，了解企业的政策需求。要引导开展广州企业创新评选活动，不遗余力地宣传广州行业创新标杆，宣传企业尤其是大企业的创新行为，宣传企业家的创新精神，激励企业开展创新，培育企业家创新精神。

2. 构建浓厚的创新文化

具有浓厚创新文化的城市，可以在更高层面上激发全社会创新活力，并吸引创新要素高端集聚，产生知识创造创新溢出效应。作为广州城市创新文化建设的重要内容，就是要将城市打造成为有"异想天开、奇思妙想"等创新思维人才的乐园，就是要使那些看似"荒诞"创意和"怪异"探索的行为，得到

社会的理解和包容,得到相应的资源配置。不仅要重奖科学家、企业家,还要重奖那些身怀绝技、技能高超的一线创新者和"工匠型"人才,使创新在全社会蔚然成风。

3. 营造"容忍失败"的城市氛围

美国学者理查德·佛罗里达(Richard Florida)研究表明,创新与一个地区的宽容度存在正相关性。也就是说,宽容度高的地区,其创新也相对活跃。广州作为有"开放、包容、宜居、宜业"之称的国家重要中心城市,应逐步树立起有良好创新文化和创新氛围的城市形象,构建"广纳贤才、敢为人先、宜居乐业、宽容失败"的良好创新环境。

主要参考文献

常茹茹、赵蓉英、贾增帅等:《全球人工智能专利合作特征及影响力研究》,《农业图书情报学报》2020年第2期。

陈军、张韵君、王健:《基于专利分析的中美人工智能产业发展比较研究》,《情报杂志》2019年第1期。

陈烈:《人工智能产业发展趋势研究》,《中国新技术新产品》2018年第11期。

陈云、邹宜諠、邵蓉等:《美国干细胞产业发展政策与监管及对我国的启示》,《中国医药工业杂志》2018年第12期。

戴磊、魏阙:《人工智能领域技术预见研究》,《中阿科技论坛(中英阿文)》2018年第3期。

雕钰惟、梁毅:《日本细胞治疗产品管理及对我国的启示》,《药学进展》2019年第12期。

丁陈君、陈方、郑颖等:《生物科技领域国际发展趋势与启示建议》,《世界科技研究与发展》2019年第1期。

傅俊英:《干细胞领域研究、开发及市场的全球态势分析》,《中国生物工程杂志》2011年第9期。

高翔、王宏起、武建龙:《基于专利信息的我国干细胞产业技术竞争态势研究》,《科技管理研究》2015年第7期。

韩晔、刘强、齐燕等:《专利视角下国际干细胞领域发展态势剖析》,《世界科技研究与发展》2019年第4期。

侯红明、庞弘燊、覃筱楚等:《广州生物医药领域科技创新服务平台发展策略若干建议》,《科技促进发展》2017 年第 Z1 期。

侯爽爽、许效、王卫彬:《干细胞技术的专利分析》,《药学进展》2019 年第 6 期。

黄珍霞:《基于产业链边界的干细胞与再生医学产业发展战略研究》,《决策咨询》2019 年第 1 期。

冀希炜、吕媛:《中国药物国际多中心临床试验的研究现状》,《中国临床药理学杂志》2019 年第 4 期。

李国红、姜磊、张超:《人工智能关键技术专利态势分析》,《信息通信技术与政策》2019 年第 10 期。

李国红、李文宇:《人工智能专利初探及知识产权建议》,《电信网技术》2018 年第 1 期。

李树刚、刘颖、郑玲玲:《基于专利挖掘的感知人工智能技术融合趋势分析》,《科技进步与对策》2019 年第 23 期。

李晓华:《世界主要国家人工智能战略及其产业政策的特点》,《经济日报》2019 年 4 月 17 日第 14 版。

李昕、宋晓亭:《日本再生医疗法律制度述评》,《国外社会科学》2017 年第 3 期。

林巧:《干细胞治疗产品质量管理策略分析》,《药学进展》2019 年第 6 期。

刘伟、王立生、吴曙霞:《全球干细胞研究发展趋势与格局分析》,《中国医药生物技术》2016 年第 1 期。

卢世璧、吴祖泽、付小兵等:《我国细胞技术类再生医学创新型技术产业发展战略研究》,《中国工程科学》2017 年第 2 期。

鲁爽、王涛、杨进波等:《中国与日本对国际多中心临床试验监管的比较》,《中国临床药理学杂志》2011 年第 8 期。

陆平、侯雪、曹茜芮:《基于专利数据的全球深度学习技术创新态势》,《机器人产业》2019 年第 4 期。

毛子骏、梅宏:《政策工具视角下的国内外人工智能政策比较分析》,《情报杂志》2020 年第 4 期。

莫兆忠:《基于专利分析的全球干细胞技术发展态势研究》,《科学技术创新》2019年第8期。

潘慧:《中国科学院广州生物医药与健康研究院:科技创新和产业化两翼 驱动地方经济发展》,《广东科技》2014年第23期。

任昉、邵蓉:《日本创新药物激励政策及实施效果研究》,《经济研究导刊》2017年第4期。

石海林、李维思、文晓芬等:《基于专利分析湖南省人工智能产业发展现状》,《企业技术开发》2019年第1期。

孙梅、张超逸、陈玉文:《我国开展国际多中心药物临床试验现状分析》,《中国新药杂志》2016年第15期。

唐怀坤:《国内外人工智能的主要政策导向和发展动态》,《中国无线电》2018年第5期。

唐晖岚、文庭孝:《基于专利地图的专利战略信息挖掘实证研究——以人工智能技术为例》,《大学图书情报学刊》2019年第1期。

王晴晴、王冲、黄志红:《中国、美国和欧盟的细胞治疗监管政策浅析》,《中国新药杂志》2019年第11期。

王秋蓉、李艳芳:《抢占未来制高点——世界主要国家人工智能发展与治理政策扫描》,《可持续发展经济导刊》2019年第7期。

王雅薇、周源、陈璐怡:《我国人工智能产业技术创新路径识别及分析——基于专利分析法》,《科技管理研究》2019年第10期。

王燕鹏、韩涛、赵亚娟等:《人工智能领域关键技术挖掘分析》,《世界科技研究与发展》2019年第4期。

王友发、罗建强、周献中:《基于专利地图的人工智能研究总体格局、技术热点与未来趋势》,《中国科技论坛》2019年第10期。

王友发、张茗源、罗建强等:《专利视角下人工智能领域技术机会分析》,《科技进步与对策》2020年第4期。

王玥、许丽、施慧琳:《从专利角度分析国际干细胞技术研发态势》,《竞争情报》2017年第3期。

魏庆华、陈宇萍、陈小静等:《干细胞技术领域专利分析综述》,《科技管理研究》2013年第19期。

乌云其其格:《日本政府研发资助体系研究》,《全球科技经济瞭望》2016年第9期。

吴曙霞、杨淑娇、吴祖泽:《美国、欧盟、日本细胞治疗监管政策研究》,《中国医药生物技术》2016年第6期。

肖翔、赵辉、韩涛:《主要国家人工智能战略研究与启示》,《高技术通讯》2017年第8期。

徐玲:《基于专利信息的近20年人工智能国内外发展态势研究》,《内蒙古科技与经济》2019年第21期。

徐佩、张瑞利、杨小燕等:《中美生物医药产业政策比较研究》,《市场周刊(理论研究)》2016年第11期。

严舒、徐东紫、齐燕等:《基于政府投入的美国再生医学研究态势分析》,《世界科技研究与发展》2019年第5期。

于申、杨振磊:《全球人工智能产业链创新发展态势研究》,《天津经济》2019年第5期。

张涛、龚文全、颜媚:《2018年全球主要国家人工智能政策动向及启示》,《信息通信技术与政策》2019年第6期。

张振刚、黄洁明、陈一华:《基于专利计量的人工智能技术前沿识别及趋势分析》,《科技管理研究》2018年第5期。

赵蕴华、周立娟、张旭等:《基于专利分析的干细胞技术创新趋势研究》,《现代生物医学进展》2014年第23期。

周伯柱、Aditi GUPTA:《基于论文和专利分析的人工智能发展态势研究》,《世界科技研究与发展》2019年第4期。

周松兰:《中美欧日韩人工智能技术差距测度与比较研究》,《华南理工大学学报》(社会科学版)2020年第2期。